나는 부엌에서
과학의 모든 것을
배웠다

나는 부엌에서
과학의 모든 것을
배웠다

화학부터 물리학·생리학·효소발효학까지
요리하는 과학자 이강민의 맛있는 과학수업

이강민 지음

더숲

시작하며

"왜 사는가?"라는 질문에 많은 사람들은 "행복하기 위해 산다"고 답한다. 영국에서 실시한 한 조사에 의하면 '행복'이라는 단어와 연관되어 떠오르는 것은 '사랑하는 사람' '맛있는 음식'이 제일 많았다고 한다. 동서양을 불문하고 사랑하는 사람과 맛있는 음식을 먹을 때 우리는 아주 큰 행복감을 느끼는 듯하다.

요즈음 우리나라의 방송을 보면 요리가 대세이다. TV 채널 어디를 돌려도 요리 프로그램이 한창이다. 다양한 사람들이 다양한 방식으로 음식을 맛보고, 만들고, 설명하고 있다. 예전부터 있어 왔던 전통적 형식의 요리강습에서부터 소문난 맛집 탐방, 유명 셰프들의 요리 대결에 이르기까지, 요리 프로가 오락 프로가 되어 안방을 차지하고 있다.

이렇게 사람들이 요리 방송에 열광하는 이유는 우리 인간만이 가지고 있는 요리 유전자 때문이다. 음식은 인간의 가장 강한 본능이

자 욕구이다. 인간은 요리하는 동물이다. 인간은 요리를 통하여 행복해지려는 유전자를 가지고 태어난다. 그러나 현대사회에서, 특히 우리나라에서는 가족이 저녁 시간에 모여서 요리를 하고 음식을 나눠 먹기란 점점 더 어려운 환경이 되어가고 있다. 그래서 우리는 음식 프로를 보고 간접적으로 이 요리에의 욕구를 해소하려고 하는 것이다. 요리를 해서 함께 먹는 것은 인간에게 중요한 의미이다. 얼마나 중요하면 가족을 식구食口라고 하겠는가.

우리는 언제 먹는가? 배가 고파서 에너지가 필요할 때? 먹을 시간이 되어서 그저 배를 채우려고? 이렇게 먹어서는 허기는 면하겠지만 행복을 느끼지는 못할 것이다. 음식은 맛있어야 한다. 요리가 진화하는 이유가 여기에 있다.

요리란 무엇인가? 어떻게 맛있는 음식을 요리할 수 있는가? 요리料理는 '헤아려서 다스림'을 의미한다. 영어사전에 의하면 '식재료를 가열하고 끓이는 것'을 뜻한다. 헤아리는 것, 가열하고 끓이는 것, 이것은 모두 과학이다.

식재료를 가열하면 물이 없어지고, 물이 없어지면 식재료는 단단해진다. 불을 사용해 먹기 좋게 식재료를 가열해야 맛 좋은 요리가 탄생한다. 이때 요리란 '불과 물의 조화'다. 그 밖에도 요리에는 여러 과학 원리가 담겨 있다. 맛있는 음식을 만들기 위해서는 요리에 숨어 있는 과학을 알아야 한다.

사람의 유전자는 단순히 반복되는 식사에 싫증을 느끼며 좀 더 색다른 것, 좀 더 새로운 것을 추구한다. 우리의 미각은 익숙한 것을 요구하지만 우리의 시각은 새로운 것을 추구한다. 예전에는 요리사들이 손님에게 '먹을 것'을 제공하는 데 그쳤다면 요즘 요리사들은 요리의 맛은 기본이고 창조와 혁신에서 오는 감동까지 선사해야 한다. 즉 과학을 통하여 새로운 기술로 늘 새로운 레시피를 추구함으로써 참신한 요리를 창조해야 하며, 요리사의 기술과 감성을 담아 맛과 모양과 분위기가 어우러진 종합예술이 되도록 해야 한다.

과거에는 개구리 알이 어떻게 올챙이가 되는가를 설명할 때 뒷다리가 나오고 앞다리가 나오고 하는 식으로 생물학적인 측면에서 이야기했다. 그러나 분자생물학이 등장하면서 분자적인 수준으로, 유전자적인 수준으로 기작이 설명되기 시작하였다. 요리도 마찬가지로, 과거에는 요리를 맛의 기준으로 폭넓게 이야기했다면 이제는 분자요리 미식학의 등장으로 분자 수준에서 해체하고 분석하고 재조합함으로써 요리를 이해하고 설명하기를 원한다.

조리학은 요리를 만드는 과정을 고찰하는 학문이고, 요리학은 그 완성된 요리를 연구하는 학문이라면, 분자요리학이란 음식을 조리하여 맛있게 먹는 과정에서 일어나는 현상을 분자 수준으로 분석하는 학문이다. 분자미식학은 분자요리학에 더하여 인간이 행복하게 먹는 것을 포함하는 내용으로, 행복한 음식에 더욱 접근하는 단어로 이해하면 될 것이다.

앞으로는 과학 및 화학 분야에서 발견되는 새로운 사실과 이론이 요리 예술 발전에 기여하게 될 것은 불을 보듯 뻔하다. 나는 자유로운 사고와 뛰어난 지식으로 무장한 어느 누군가가 미래에 나타나 이 분야를 개척하리라 굳게 믿는다. 대체 어느 분야의 과학과 예술이 이처럼 삶을 즐겁고 안락하게 만드는 데 기여할 수 있을까 싶다.

나는 국내에서 화학을 공부하고 프랑스에서 효소발효학을 공부하였으며 지금은 분자생물학을 연구하고 있다. 학문 덕분에 유럽, 미국, 아프리카에서 나의 젊은 시절 3분의 1을 보냈다. 음식, 미술, 음악을 좋아하는 나에게는 소중한 경험들이다. 2011년부터는 새로운 개념을 가진 레스토랑 빌바오를 창업하여 음식에 과학과 예술을 입히는 새로운 시도를 하고 있다.

나는 이 책에서 요리를 여러 과학적인 면으로 해석하였다. 우리의 식감 즉 씹는 맛, 목 넘김, 부드러움은 물리적인 현상이다. 요리의 풍미와 색은 화학적인 현상이다. 우리가 음식을 통하여 먹는 탄수화물, 지방, 단백질은 생화학적인 성분이다. 우리가 먹는 음식 대부분은 미생물 발효식품이며, 우리가 먹고 느끼는 행위는 뇌의 생리적 현상에 속한다. 이처럼 요리를 전체적으로 이해하기 위해서는 물리·화학·생화학·미생물학·생리학·인문학적인 해석이 필요하다.

이 책을 통하여 많은 사람들이 요리에 숨어 있는 과학을 알았으면 한다. 요리가 얼마나 체계적이며 동시에 예술적인 작업인지 느꼈으면 한다. 요리를 알아야 요리가 주는 행복의 메시지를 들을 수 있기 때문이다. 요리가 주는 행복을 인지해야 우리는 더 자주 행복할 수 있을 것이다. 이 책과의 만남으로, 더욱 많은 사람들이 더 자주 행복하기를 바란다.

빌바오에서 이강민

3장 부엌에서 화학을 배우다

4장 부엌에서 생리학을 배우다

요리와 오감

5장 부엌에서 생체분자를 배우다

생체분자

6장 부엌에서 만난 발효 이야기

음식과 발효

요리와 함께 맛보는 와인 이야기

7장 부엌에서 문화와 예술을 짓다

1장

식탁 위에 펼쳐진 과학예술, 요리

요리는 인간을
행복하게 한다

19세기에 『미각의 생리학』을 써서 프랑스 식탁문화를 만든 미식가 브리야 사바랭Brillat Savarin의 말대로 "인간에게 새로운 요리를 발견하는 것은 새로운 항성을 발견하는 것보다 인간을 더욱 행복하게 한다." 인간에게 최고의 선은 행복이며 요리는 인간을 행복하게 한다. 음식을 통하여 행복할 수 있는 사람은 적어도 하루에 세 번은 행복할 수 있다. 우리에게는 얼마나 많이 행복한가보다 얼마나 자주 행복한가가 더욱 중요하다. 우리말에 '금강산도 식후경'이란 말이 있듯이 식욕이 채워져야 세상의 아름다움을 볼 수 있다. 영국 극작가 조지 버나드 쇼George Bernard Shaw는 "음식에 대한 사랑처럼 진실한 사랑은 없다"고 했다.

인간은 요리하는 동물이다. 요리는 가족의 일원 중 한 명의 또는 여성의 전유물로 하기에는 너무 중요하다. 프랑스에서는 초등학교 때부터 남자들에게 요리를 가르친다. 요리는 살아 있는 모든 인간에게 필요하다. 사람마다 유전자가 다르고, 유전자가 만드는 미각세포가 다르고, 미각세포가 만드는 맛의 취향이 다르므로 음식만큼 주관적인 것도 없다. 같은 음식을 먹어도 누구에게는 짜고 누구에게는 싱겁게 느껴진다. 그러므로 음식의 객관적 기준은 별로 중요하지 않다. 적어도 우리는 나의 행복을 위하여 나에게 맛있는 음식을 요리하여 나 자신을 행복하게 할 의무가 있다.

우리는 식재료의 홍수 속에서 살고 있다. 과거에는 요리를 하려면 여기저기에서 원자재부터 구해야 했다. 그러나 오늘날엔 마트에 가면 세계의 다양한 식재료를 구할 수가 있다. 더욱이 식재료가 거의 요리 수준이어서 단지 섞어 먹기만 해도 요리가 될 정도로 훌륭하다. 라면을 먹으려 해도 예전에는 별 선택의 여지가 없었다. 그러나 지금은 수많은 다양한 종류의 라면이 있다. 한 가지 재료로 한 가지 맛만을 내는 것이 아니라 요리 방법에 따라서, 무엇을 가미해 먹느냐에 따라서 훌륭한 요리로 변화될 수 있다. 자신의 취향을 알고 요리의 기본, 요리에 작용하는 과학을 안다면 누구나 자신을 위한 좋은 요리를 만들 수 있다.

원재료의 맛과 풍미를 살리는
새로운 요리의 탄생

현대요리는 요리에 자본이 들어오고 상업화되면서 달라지기 시작하였다. 많은 식재료와 요리 기구가 개발되고 첨가제가 개발되었기 때문에 요리 방법이 달라졌다. 프랑스 요리도 예를 들어, 고전적 요리의 고기 두께는 3~4cm로 두툼했고 무거운 버터 소스에 토마토, 버섯 등 투박한 식재료를 사용하였다. 그러나 1960년 이후에 새로운 요리법이 등장했다. 요리 소스가 가벼워지고 신선하고 좋은 식재료가 중요하게 되었으며 원재료 맛을 유지하려는 경향이 나타났다. 1980년대 미셸 브라Michel Bras는 프랑스 중남부 깊은 산골 라귀올에 자리 잡고 있는 자신의 농장에서 재배한 채소와 허브를 사용하는 새로운 요리를 선보였다. 이후 그의 레스토랑 메종 브라Maison Bras는 원재료의 맛을 살리는 새로운 시도로, 세계적인 요리의 중심이 되었다.

현대요리는 식재료에 대한 포괄적 이해를 바탕으로, 21세기에 발명된 다양한 조리도구를 이용해 원재료의 맛과 풍미를 살려 질감에 생기를 불어넣은 새로운 요리이다. 즉 과학을 통한 식재료의 재해석으로 재료의 구조체계를 정확히 파악하고, 본연의 맛과 향을 유지하면서도 질감과 형태를 변형시켜 조화를 이룬 최첨단 요리법으로 만든 것이다.

　최근 요리와 과학을 접목시킨 분자미식학molecular gastronomy이라는 학문이 생겨났다. 여기서 미식美食이란 '좋은 음식' 그리고 '좋은 음식을 먹는다'는 뜻이며, 이때 미식을 설명하기 위해서는 분자라는 말이 절대적으로 필요하다. 화학과 물리학을 포괄하는 폭넓은 지식이 필요하기 때문이다. 열에 의한 물질변화는 화학이며 식감의 변화는 물리이다. 음식을 무심코 만들기보다 음식에 일어나는 화학적, 물리적 변화에 관한 기초과학을 배경으로 요리의 재료와 레시피를 이해하고, 레시피가 가져오는 결과와 과정을 이해한다면 요리를 새롭게 변형시킬 수 있을 것이다. 그렇다 해도 음식은 요리의 결과물이지 결코 과학의 결과물은 아니다. 물리, 화학의 법칙만을 따르며 합리적으로 요리하는 사람은 얼마 가지 않아 요리에 한계를 느끼게 될 것이다. 과학은 요리의 수단일 뿐이다. 요리는 맛있어야 하고 음식을 먹으면 행복해야 한다. 요리는 먹을 것을 제공하는 것 이상으로 우리를 감동적이고 행복하게 만들어 주어야 한다.

　브리야 사바랭은 『미각의 생리학』에서 "미식이란 영양 섭취에 있어 인간과 관계되는 모든 것을 다루는 체계적인 학문이다. 미식의 목적은 가능한 최상의 음식으로 인간의 생명을 보존하는 것이다. 미식은 양식이 될 만한 것을 연구하고 제공하고 마련하는 데 관여하는 모든 사람을 분명한 원칙에 따라 지도함으로써 그 목적을 달성한다"라고 정의하고 있다.

과학의 발전은
곧 요리의 발전

　　　　　　　　　요리란 무엇인가? 옥스퍼드 사전에 의하면 요리란 식재료를 가열하고 끓이고 구워서 먹기 좋게 만드는 것이라고 정의하였다. 여기서 가열, 끓임, 구움이라는 용어들은 모두 온도와 관련된 과학 용어들이다. 요리料理는 한자로 '헤아릴 료'와 '다스릴 리'이다. 헤아려서 다스린다는 의미이다. 헤아린다는 것은 과학이며 다스리는 행위는 조리이다. 즉 요리는 과학과 조리이다. 예를 들어 가스레인지를 사용해서 음식을 가열한다고 해보자. 이것을 화학적인 견지에서 말하면 요리란 식재료에 화학반응을 일으켜 먹기 좋고 소화하기 쉽고 깨끗한 생성물을 만드는 과정이다. 또한 소금으로 식재료를 절이고 식초를 넣어 산도를 조절하고 양념을 넣어 확산시키고 소스에 밀가루를 넣어 젤화시키는 것은 물리적 변환이다.

　한편 요리와 예술은 밀접하게 연관되어 있다. 요리한 음식을 접시에 올리는 것은 회화이자 설치작업인 예술이다. 또한 요리와 예술은 과학의 발전으로 큰 영향을 받아왔다는 데서도 공통점이 있다.

　19세기에 인상파의 발전에 크게 영향을 준 것은 카메라, 기차, 휴대 가능한 물감과 같은 과학이었다. 카메라의 발명으로 고전주의 회화가 사실의 기록에서 벗어나 작가의 감정을 넣을 수 있었고 휴대용

파팽이 개발한 steam digester.
현대에 쓰이는 가정용 압력솥의 시초다.

물감과 기차의 발명 덕분에 화가들이 자연에 들어가 빛을 그릴 수
있게 되었다.

마찬가지로 요리 발전에 영향을 준 것 역시 과학이었다. 1681년
프랑스 물리학자 드니스 파팽Denys Papin에 의해 압력솥이 개발되어
뼈를 부드럽게 하고 육수를 내어 요리에 사용할 수 있게 되었다. 그
는 뼈를 더 짧은 시간 안에 고우기 위해 무게가 있어서 압력이 생길
수 있는 압력솥을 만들었다.

1756년에 프랑스 시인 위베르 프랑수아 그라벨로Hubert-Francois
Gravelot는 <요리사>라는 시에서 "인간의 입맛은 계속 변하며 항상
새로운 음식을 요구한다. 새로운 음식을 만들기 위해서는 우리가 과

벤저민 톰슨이 만든 오븐(Rumford roasters)

학자, 화학자가 되어야 한다"라고 했다. 1800년대에 럼포드 백작 벤
저민 톰슨Benjamin Thompson은 고기를 굽기 위하여 오늘날의 커피 로
스팅 기계와 비슷한 로스팅 오븐을 만들었다. 새로운 과학이 더 좋
은 음식을 만드는 데 사용되었다.

 1810년에는 프랑스에서 요리사이자 양조업자인 니콜라 아페르
Nicolas Appert가 처음으로 병조림을 만들었다. 나폴레옹은 전쟁에 나
갈 때 음식을 가지고 가기 위하여 음식을 저장하고 운반하는 방법을
큰 상금을 걸고 공모하였다. 아페르는 14년에 걸친 연구 끝에 병조
림을 발명하여 큰 상금을 타고 병조림 공장을 세웠다. 병조림은 파
스퇴르의 세균과 멸균에 대한 과학적 지식이 기초가 되어 발명할 수
있었다. 병조림의 개발로 사람들은 더 오래 음식을 저장할 수 있게
되었고 지금도 프랑스에서는 가을 무렵이면 모든 과일의 조림을 만

최초의 통조림 공장 아페르

들어 유리로 된 병에 저장해놓는다.

오늘날에는 주방이나 과학 실험실이 큰 차이가 없다. 주방이 곧 실험실이고 실험실이 곧 주방이다. 그래서 새로운 용어로 음식실험실 Food lab이라는 표현을 쓴다. 어떻게 보면 주방이고, 달리 보면 음식, 식품을 가지고 실험하는 실험실이다. 항온수조, 농축기, 원심 분리기는 전부 화학 실험실에서 실험에 사용되는 기구들이지만 요즘에는 유명 셰프들의 주방에서 심심치 않게 목격할 수 있다. 이제는 실험실과 주방의 구분이 없어진다. 이 말은 '과학은 요리이고 요리는 과학이다'란 뜻이며 '과학과 요리는 일맥상통한다'는 뜻이다. 과학이 발달해야 요리가 발달하고, 요리가 발전하기 위해서는 과학이 필요하다. 이것이 요즘 세계적인 흐름인 분자미식학의 기본 개념이다.

과학의 발전으로 이제는 액체질소를 사용해서 낮은 온도에서 요리할 수 있게 되었다. 액체질소는 온도가 −170℃까지 떨어지므로 이를 이용하면 저온에서 요리할 수 있다. 2장에서 다룰 수비드 진공 요리법은 여기에 착안하여 개발되었다. 요리를 하는 데 있어 압력도 고압에서 저압까지, 온도도 고온에서 저온까지, 압력과 온도의 폭이 모두 넓어졌다. 다양한 기구들을 이용해서 새로운 요리를 만드는 데 과학이 응용되고 있다.

분자요리와
분자미식학의 출현

분자요리의 실체에 접근하기 위해서는 18세기까지 거슬러 올라가야 한다. 분자요리는 영국의 물리학자 벤저민 톰슨의 우연한 실수에서 비롯되었다고 전해진다. 그는 실수로 고깃덩어리를 낮은 온도의 오븐에 밤새 넣어두게 되었는데, 다음 날 꺼내보니 상상도 못할 만큼 부드러운 육질의 맛있는 고기를 얻었다고 한다. 그는 이러한 경험을 1794년 발행된 자신의 수필집에 글로 남겨 미래의 분자요리의 출현을 예견하였다. 이 예측은 놀라울 정도로 맞아떨어졌다. 1969년 헝가리 출신의 물리학자 니콜라스 쿠르티Nicholas Kurti가 런던왕립학회에서 '부엌에서 요리하는 물리학자The Physicist in kitchen'라는 제목을 발표하면서였다. 그는 톰슨의 실험을 그대로 재현하였다. 2kg짜리 양고기 덩어리를 80℃의 오븐에 넣고 8시간 30분 동안 구워 놀랍도록 부드럽고 촉촉한 육질의 고기를 시연함으로써 참석자들을 놀라게 하였다. 그 후, 1988년 프랑스 출신의 화학자 에르베 티스Herve This와 의기투합한 쿠르티는 과학과 요리 사이에 존재하는 의미상의 개념을 좁히기 위하여 '분자와 물리의 미식학'이라는 용어를 만들어내고 쿠르티 사망 이후에는 '분자미식'이라는 간단한 표현으로 널리 알려지게 된다.

2000년대에는 페란 아드리아Ferran Adria를 중심으로 분자미식학 요리가 발전한다. 요리는 화학반응이며 요리가 진행됨에 따라서 성분이 어떻게 변화하는가를 화학적으로 이해함으로써 요리에 화학을 접목하고, 음식의 화학적 성분을 이해하므로 요리를 발전시킬 수 있다. 분자미식학에서는 음식을 문화와 결부하여 연구하고, 요리를 분자 수준에서 화학적으로 해석하며 원하는 맛을 얻기 위하여 화학적 원리를 이용한다. 또한 음식을 분자 단위까지 철저하게 연구하고 분석하고, 음식 재료의 질감과 요리법을 과학적으로 분석해서 새로운 스타일의 음식을 창조하는 것을 의미한다.

현대의 요리를 대변하는 중심 키워드는 지역주의, 반항주의, 해체주의다. 회화가 고전주의, 인상주의, 해체주의, 입체주의로 발전하

듯이 요리도 원하는 맛을 창조하기 위하여 식재료를 분자 수준으로 해체하고 다시 과학적 기법을 이용하여 재조합하여 새로운 맛과 새로운 아름다움을 창조한다. 최근 세계 최고 레스토랑World's Best Restaurant에 선정된 노마(Noma, 2010년, 2011년, 2012년, 2014년, 덴마크 코펜하겐), 엘 세예르 데 칸 로카(El Celler de Can Roca, 2013년, 스페인 지로나), 엘블리(El Bulli, 2009년, 스페인 바로셀로나), 무가리츠(Mugaritz, 2013년 4위, 스페인 산 세바스티앙)는 지역주의 로컬 푸드만을 고집하는 레스토랑이다. 건강한 식재료를 중심으로 분자요리학적 기법을 이용하여 요리하는 세계 최고의 레스토랑이다. 1826년 브리야 사바랭은 "당신이 무엇을 먹는지를 얘기해주면 나는 당신이 어떤 사람인지를 말해주겠다. 나라의 운명은 국민이 무엇을 먹고 사느냐에 달려있다"라고 섭생의 중요성을 강조하였다.

2장

부엌에서 물리학을 배우다

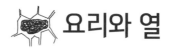

요리와 열

　기초과학은 크게 수학, 물리, 화학과 생물학으로 분류한다. 물리, 화학, 생물학이란 무엇인가? 프랑스의 한 과학자는 물리는 변하는 것이고, 화학은 반응하는 것이고, 생물은 움직이는 것이라고 정의하였다.

　요리를 설명하는 데 물리학적 지식은 기본으로 필요하다. 예를 들면 열을 가한다든지, 온도가 변한다든지, 상이 변해서 고체가 액체가 된다든지, 젤이 된다든지, 거품이 된다든지, 구체화spherification된다든지 하는 것들은 거의 물리적인 현상의 표현이다. 소금으로 간을 하는 것은 삼투압osmotic pressure의 원리를 이용한 것이고 식감은 탄성elasticity의 원리로 설명할 수 있다.

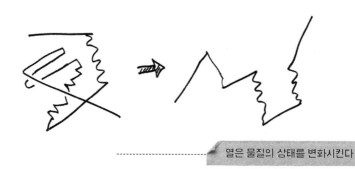

열은 물질의 상태를 변화시킨다

요리한다는 것은 요리의 정의에서 설명했듯이 불을 사용하여 식재료를 소화하기 좋게 변형하는 것이다. 다시 말해 '변한다'라는 물리적 관점에서 볼 때 요리에서 가장 중요한 것은 온도, 즉 열전달이다. 요리란 불에 의해서 음식이 살균되고 분해되어 먹기 좋게 되며, 이를 우리 몸이 가장 잘 흡수할 수 있는 상태로 만드는 과정이다. 음식을 가열하면 새로운 향, 맛, 색을 가진 새로운 물질이 만들어진다. 또한 온도가 변하면서 물질의 구조가 변화되어 새로운 식감을 제공한다. 요리에 영향을 주는 가장 기본적인 요인, 열에 대해 알아보자.

열은 어떻게 전달될까

우리가 요리하는 식재료의 대부분은 수분으로 구성되어 있다. 육류에는 60%, 생선에는 75%, 채소에는 90%, 달걀흰자에는 90% 이상의 수분이 있다. 수분은 열에 아주 민감하다. 열이 높아지면 수분은 줄어들고 음식물은 단단해진다. 수분의 양에 따라서 식감이 달라진다. 그래서 요리에서 열전달은 매우 중요하다. 우리가 요리를 한다는 것은 가열기구에서 식재료로 열이 이동하는 것을 의미한다. 외부에서 가하는 열에 의해서 식재료가 변형되는 것이 요리이다. 열이 전달되는 방법은 크게 나누면 전도conduction, 대류

convection, 복사radiation다. 그림에서 보는 바와 같이 열을 전달하는 매체에 의해 구별한다. 가열을 하면 열은 냄비표면을 통하여, 냄비 안 국물을 통하여, 수증기를 통하여 전달된다. 냄비의 금속 표면을 통하여 직접 열이 전달되는 것은 전도이고, 냄비 안에 있는 물을 통해서나 오븐의 경우는 공기 중의 수증기를 통해서 열이 전달되는 것을 대류라고 한다. 그리고 마지막으로 복사는 햇빛, 전자기파를 통하여 전달되는 것을 의미한다. 햇빛을 받으면 피부가 데워지는 현상이나 전자레인지에 넣은 음식이 익는 이유는 복사에 의해 열이 전달되기 때문이다.

요리할 때 가열한 열은 어떻게 음식에 전달될까? 열에너지가 전도, 대류, 복사를 통해서 음식으로 이동한다. 음식으로 열이 이동하게 되

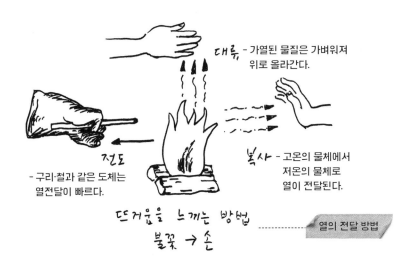

대류 - 가열된 물질은 가벼워져 위로 올라간다.

전도
- 구리·철과 같은 도체는 열전달이 빠르다.

복사 - 고온의 물체에서 저온의 물체로 열이 전달된다.

뜨거움을 느끼는 방법
불꽃 → 손

열의 전달 방법

면 열의 평형상태(더 이상 열의 이동이 일어나지 않는다)에 이르고, 열의 평형상태를 유지하기 위해서는 계속 가열해야 한다. 열에너지가 음식으로 전달되면 열에너지에 의해 음식은 뜨거워지고, 뜨거워지면 식재료에서 여러 가지 물리적인 변화, 화학적인 반응이 일어나는데 이러한 과정을 우리는 요리라고 부른다.

열전도율을 고려한
주방기구들

열전달은 전달 매질에 따라서 열전도율이 다르다. 열전도율은 공기 0.025, 물은 0.6, 얼음은 2.0, 스테인리스 스틸은 12~45, 주철은 55, 알루미늄 합금은 120~180, 구리는 401의 열전도율을 가진다. 열전도는 구리가 가장 잘되며 알루미늄, 무쇠(주철), 스테인리스 스틸 순으로 잘된다.

주방기구를 선택할 때 열전도율은 중요하다. 구리 냄비는 열전도가 가장 잘되는 좋은 재질이긴 하지만 공기 중에서 쉽게 산화되어 푸른색 녹을 만든다. 그릇에 녹이 슬면 음식물도 상하거나 냄새가 나는 등 보관이 어렵기 때문에 최근에는 구리 재질을 별로 사용하지 않는다. 대신 알루미늄과 스테인리스 스틸 재질을 주로 사용한다. 물론 이것들도 금속이므로 음식과의 반응을 막고 열이 고르게 전달

되게 하기 위해 세라믹으로 코팅을 입힌다.

알루미늄은 내구성이 조금 부족하기는 해도 스테인리스 스틸보다 열전도가 잘된다. 온도가 빨리 오르고 빨리 떨어지는 알루미늄 냄비에 라면을 끓이면 면발이 쫄깃해지는 것을 확인할 수 있다. 스테인리스 스틸 재질은 열전도율은 조금 부족하지만 단단하여 비교적 수명이 길고, 산화로 녹슬지 않아 청결하다.

열전도율이 낮아야 하는 경우도 필요하다. 요리에 사용되는 주걱이나 젓가락은 열전도가 잘되면 쉽게 뜨거워져 화상을 입을 우려가 있으므로, 쇠로 된 주방기구보다는 나무로 된 것을 사용한다.

한편 주방기구에서 외부의 열을 얼마나 잘 전달하는가도 중요하지만 얼마나 열을 고르게 잘 분배하는가도 중요하다. 프라이팬을 예로 들어보자. 프라이팬이 무거운 이유는 밑바닥이 여러 층의 금속으로 되어 있기 때문이다. 만약 프라이팬이 한 층으로 되어 있다면 불이 닿는 중앙 부분과 주변의 온도에 차이가 많이 나서 음식물이 쉽게 타게 된다. 반면 이중 삼중으로 된 프라이팬을 사용하면 음식의 여러 부분에 열이 고르게 전달되어 좋은 요리를 만들 수 있다.

요리하는 사람에게 조리도구는 굉장히 중요하다. 음악 연주자가 자신의 실력을 최고로 표현해줄 수 있는 악기를 가지고 다니듯, 셰프도 최고의 요리를 선보이기에 가장 적합한 조리도구를 항상 가지고 다닌다.

비열과
열용량

비열specific heat은 1g을 1℃ 올리는 데 필요한 열량으로, 같은 열을 가했을 때 비열이 큰 물질일수록 온도 변화가 작다. 구리의 비열은 385, 주철 450, 스테인리스 500, 알루미늄 879, 공기 1012, 수증기 2080이다. 구리는 쉽게 온도가 올라가지만 공기는 열을 받아도 온도가 금방 올라가지 않는다. 물은 비열이 굉장히 커서 열에너지를 많이 받아도 온도가 쉽게 올라가지 않는다. 만약 물이 쇠처럼 비열이 작다면 어떻게 될까? 햇볕을 조금만 쬐어도 물의 온도가 100℃까지 금방 올라가서, 결국 물속에서 물고기가 살 수 없게 된다. 사람으로 비유하자면 한참 약을 올려도 열을 안 받는 사람이 비열이 큰 물 같은 사람이고, 조금만 약을 올려도 쉽게 화내는 사람이 비열이 작은 철 같은 사람이라고 할 수 있다.

한편 열용량heat capacity은 어떤 물체의 온도를 1℃ 높이는 데 필요한 열량으로, 비열과 달리 질량에 관계없이 물질을 가열할 때의 물질의 온도 변화를 말한다. 요리를 할 때 식재료의 양과 올라간 온도를 같이 고려하게 하는 지표로 작용한다. 예를 들어 식재료의 열용량이 클수록 온도 변화가 더디게 일어나므로 요리하는 데 시간이 많이 걸린다.

앞에서 요리는 주어진 열로 평형을 이뤄 식재료를 변화시키는 과
정이라고 했다. 가령 스테이크를 굽기 위하여 소고기에 열을 가하면
소고기를 형성하고 있는 단백질protein 중에서 미오신myosin은 50℃
에서, 다른 근육단백질은 60℃에서, 콜라겐collagen은 70℃에서 요
리된다. 다시 말해서 소고기 안에 있는 단백질의 종류에 따라 변성
denaturation*이 일어나는 온도가 다른 것이다. 같은 단백질이라 할지
라도 어떠한 아미노산으로 조성되어 있는가에 따라서 안정성이 다르
다. 안정적인 단백질을 변화시키기 위해서는 많은 열이 필요하므로
높은 온도까지 가열해야 하지만 불안정한 단백질은 적은 양의 열에

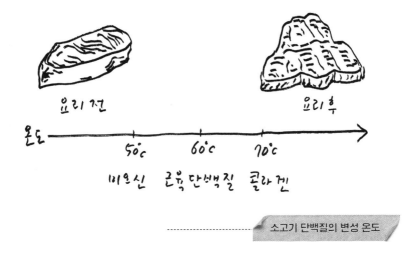

소고기 단백질의 변성 온도

---

* 변성 : 천연상태일 때의 단백질분자의 구조가 열이나 산도 등의 여러 물리적·화학적 작용에 의해 다른
상태로 변화하는 현상

서도 쉽게 변성된다. 다시 말하면 낮은 온도에서 요리된다.

그렇다면 요리에 필요한 열은 어디에서 오는가? 전도열로 요리를 하면 요리 용기의 표면을 통하여 열이 전달되고 대류열을 이용하면 공기나 물, 기름을 통하여 전달된다. 요리할 때 무거운 팬을 사용하고 튀김요리를 할 때 많은 양의 기름을 사용하는 것은 열이 전달될 때 온도가 내려가는 것을 피할 수 있기 때문이다. 같은 재질의 팬이라 해도 1kg의 팬을 사용하느냐, 2kg의 팬을 사용하느냐에 따라서 음식의 식감이 달라진다. 1kg 팬에 스테이크를 구우면 고기에 열을 빼앗겨 팬의 온도가 4℃가 내려가지만 더 무거운 2kg 팬을 사용하면 2℃만 내려간다. 따라서 스테이크를 구울 때는 크고 무거운 팬이 유리하다. 왜냐하면 팬이 커야 식재료에 열을 뺏겨도 팬의 온도가 금방 떨어지지 않고 일정하게 유지되기 때문이다. 스테이크를 구울 때 팬의 온도가 내려가면 고기 안에 있는 육즙이 다 밖으로 흘러나오고 딱딱해져서 스테이크의 육질을 제대로 느낄 수가 없다.

한편 열에는 용해열과 기화열이라는 것도 있다. 용해열은 고체가 액체로 용해될 때 생기는 열이며 기화열은 물이 기화되면서 생기는 열이다. 기화열이 발생하면 주위의 열을 빼앗아 주변의 온도를 내린다. 여름에 더워서 땀을 흘리면 몸의 온도를 뺏어가 체온이 내려간다. 또한 우리가 더울 때 아스팔트에 물을 뿌리면 물이 수증기로 기화되면서 아스팔트의 온도를 뺏어가면서 시원해진다.

요리마다 맛있는
온도는 따로 있다

한잔하고 싶어서 맥주를 사왔는데 미지근할 때가 있다. 이때 2~3℃인 냉장고에 넣어서 얼마나 기다려야 시원한 맥주가 될까? 25℃ 정도의 500cc 맥주가 냉장고 속 온도와 같이 차가워지는 데는 얼마만큼의 시간이 필요할까? 프랑스의 한 과학자가 이것을 가지고 실험을 한 적이 있다. 열전도율에 대한 실험이었다. 온도계를 넣은 맥주병을 냉장고 안에 넣고, 시간별로 온도 변화를 측정했다. 실험 결과, 보통 30분 이상은 지나야 내부(맥주)와 외부(냉장고 내부)의 온도가 같아졌다. 즉 내부와 외부의 온도가 같아지는 평형상태에 이르기까지는 일정 시간이 필요하다.

오븐을 사용할 때도 마찬가지로 이 원리가 적용된다. 온도를 조절하고 바로 음식을 넣으면 원하는 온도에서 요리를 할 수 없다. 열이 전달되기까지는 어느 정도의 시간이 소요되므로, 미리 20~30분 전에 오븐을 예열해 놓아야만 원하는 일정한 온도에서 요리할 수 있다. 오븐이 충분히 예열되기 전에 요리에 들어가면 낮은 온도에서부터 온도가 올라가면서 음식이 익기 시작하여 제대로 된 맛을 내지 못한다. 이런 이유로 사용하는 오븐의 조절판 온도와 오븐 안의 실제 온도가 같은지 확인할 필요가 있다. 보통 10% 정도 오차가 있으므로 보정하여 사용해야 정확한 온도에서 요리할 수 있다.

튀김요리를 할 때는 기름을 통해 열이 튀김에 전달된다. 기름은 비열이 굉장히 낮아서 열을 많이 가지고 있지 못한다. 그러므로 튀김할 때는 기름의 양이 중요하다. 튀김은 보통 180℃에서 하는데 180℃보다 낮으면 튀김이 익는 시간이 길어지고 수분이 빠지지 않아서 눅눅하다. 높은 온도에서 짧은 시간 안에 수분을 뺏어야 바삭거린다. 기름의 양에 비해 튀김 재료가 많으면 기름의 비열이 작기 때문에 기름의 온도가 빨리 떨어져서 튀기는 시간이 길어진다. 그래서 튀김할 때는 기름을 생각보다 많이, 보통 튀김을 만들 때 들어가는 기름의 양보다 2배 이상은 사용해야 바삭거리는 식감의 튀김을 얻을 수 있다. 또한 튀기는 식재료가 무엇인가도 중요하다. 도넛을 튀기는 것보다 감자칩을 튀기는 데 더 많은 열이 필요하다. 다시 말하면 감자를 넣으면 기름의 온도가 크게 떨어지므로 기름을 많이 넣어야 한다는 건데, 감자칩의 구조가 도넛 밀가루보다 조직이 단단하여 요리되는 데 열을 더 많이 먹기 때문이다.

같은 대류열에 의한 것이지만 수육, 찌개, 전골처럼 액체를 통하여 열이 전달되는 요리를 습열요리라고 하고 오븐에서와 같이 공기를 통하여 열전달을 하는 것을 건열요리라고 한다. 기체인 수증기는 많은 열에너지를 가지고 있어서 그냥 물에 데는 것보다 뜨거운 수증기에 델 때 화상이 훨씬 심하다. 우리는 주방에서 대부분 물을 통해 열

을 전달한다. 음식을 물에서 하면 물의 온도는 100℃까지밖에 올라가지 않으므로 요리하는 동안 복잡한 반응이 일어나지 않는다. 그러나 튀기거나 볶으면 요리 온도가 180℃ 이상 올라가기 때문에 수백 가지의 화학반응이 일어나게 된다. 이러한 여러 가지 반응들의 결과로 음식에는 풍미가 생긴다. 하지만 좋은 향과 함께 몸에 해로운 물질도 합성되기 때문에 유의해야 한다. 그래서 고기를 구워 먹을 때 탄 음식은 가급적 먹지 말아야 한다. 또 오븐을 사용하여 요리를 할 때 오븐의 가장자리 온도와 안쪽 온도가 다르기 때문에 조심해야 한다. 가장자리 온도가 훨씬 더 빨리 올라가고 열이 음식물 안까지 들어오는 데 시간이 걸리기 때문에 온도 조절을 제대로 하지 않으면 밖은 익었는데 안은 덜 익은 상태가 될 수 있다.

이와 같이 요리할 때는 온도가 중요하다. 또한 가열할 때 열의 전달 방법도 중요하다. 물속에서 대류로 열전달을 할 것인가, 전자파를 사용하여 열전달을 할 것인가에 따라서 음식 맛이 달라진다. 예를 들어 고구마를 가열할 때도 가열 방법, 즉 찜통에 찌는 대류인지 전자레인지에 익히는 복사인지에 따라서 맛은 다르다. 찜통에 찌면 고구마가 수분을 흡수해서 구조가 변하기 때문에 맥아당이 더 많이 나오게 되고 그 결과 고구마가 더 달다. 이처럼 열을 가하는 요리 방법에 따라서 요리의 맛과 향이 달라진다.

열에 대해 알아야 할 또 한 가지는 여열remaining heat, 즉 '남은 열'

이다. 분명 라면을 잘 끓인 것 같은데 그릇에 옮긴 뒤 먹으려고 보면 면발이 너무 익어서 퍼져 있는 것을 가끔 경험한다. 라면을 끓였고 불은 껐는데 라면의 국물에 남은 열이 면을 계속 익히기 때문이다. 국물이 있는 요리를 할 때는 면이 다 익기 좀 전에, 즉 사람 입에 들어가기까지의 시간을 고려해서 요리를 멈춰야 한다. 면발이 80% 정도 익었을 때 불을 끄면 먹는 동안 알맞게 익게 된다. 채소도 마찬가지다. 잘 데쳤는데 데치고 나서 요리를 하려고 보니까 채소가 물러져 있는 때가 있다. 채소가 적당히 익었을 때 바로 찬물로 헹궈야 더 이상 온도에 의해서 변하지 않아 아삭한 식감을 즐길 수 있다. 여열이 남은 시간 동안 음식을 더 요리하는 것이다.

요리할 때의 온도뿐만 아니라 음식 자체의 온도도 매우 중요하다. 바로 요리해서 먹으면 맛있던 음식도 식으면 맛이 없어진다. 풍미는 온도와 밀접하게 연관되어 있으므로 대부분의 요리는 따뜻하게 먹어야 한다. 음식이 따뜻하면 향이 강해진다. 음식의 풍미를 주는 분자들은 대부분 휘발성이라서 온도가 높아야 공기 중에 증발된다. 따뜻한 음식을 입 안에서 오래 씹어야 음식 안에 있던 맛이 밖으로 나와 음식의 풍미를 느낄 수 있다. 와인도 향이 있는 레드 와인은 실온이나 그보다 조금 더 높은 온도에서 마시고 향이 좀 떨어지는 화이트 와인은 차게 마신다.

한편 식재료는 온도에 따라 구조가 달라진다. 과일을 상온에 놓았

을 때보다 냉장해 놓았을 때 더 단 이유는 온도가 내려가면 알파형 과당이 알파형보다 약 세 배나 단맛이 강한 베타형 과당으로 변하기 때문이다. 현대사회에서는 많은 식재료가 냉동상태로 유통되다 보니, 냉동식품 전문점이 등장할 정도다. 대부분의 식재료는 −20℃ 이하의 냉동실에 보관된다. 우리가 먹는 식재료는 대부분 60% 이상의 수분으로 구성되어 있으므로 영하에서는 물이 얼어 부피가 커져 세포가 파괴된다. 냉동된 세포는 그림처럼 구성 성분들이 재정리되어 뭉치게 되고 해동되면 세포 안에서 수분이 빠져나와서 식감을 상실하게 된다.

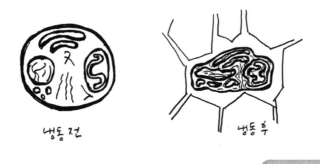

냉동 전   냉동 후

냉동에 의한 세포 파괴

한국 음식은 손맛이고 일본 음식은 칼맛이며 중국 음식은 불맛이라는 말이 있다. 사실 요리에서 중요한 것은 불의 온도이다. 집에서 중화요리를 해도 중국집에서 먹는 맛이 안 난다. 중화요리에 사용하는 불은 특별한 불이다. 가정에서 사용하는 가스가 아니라 휘발유와 압축공기를 사용하여 온도를 2000℃까지 올린 것이다. 식재료는 순간적으로 2000℃에 들어갔다가 화상만 입고 나온다. 식재료를 익히는 것이 아닌 바깥 부분만 불로 코팅해서 내놓는다는 개념이다. 그래야 식재료 본연의 맛이 밖으로 빠져나오지 않고 안에 고스란히 갇혀 있다.

우리가 사용하는 주방기기는 찜통은 100℃, 오븐은 200℃, 그릴은 300℃ 정도의 온도에서 요리가 가능하다. 이제는 과학의 발전으로 500℃ 이상의 고온에서 짧은 시간 동안에 얇은 크러스트 피자를 굽기도 하고 액체질소를 사용하여 더욱 부드러운 아이스크림을 만들기도 한다. 지금까지의 요리법이 주로 고온에서 하는 방식이었다면, 최근 분자미식학에서는 -170℃까지 내려가는 액체질소를 사용한 저온 냉각요리가 개발되고 있다. 액체질소에서 급속냉각을 하면 물이 결정체가 되기 전에 냉각되어 부드러운 식감을 가진다.

열이 고르게 전달되다
- 오븐요리

최근 유행하는 네덜란드, 독일 등의 북유럽 요리에서는 더치오븐dutch oven이 많이 쓰인다. 이런 나라들은 산간지

방이라서 압력이 낮은 편인데, 더치오븐은 굉장히 크고 무거워서 고압까진 아니어도 중압 정도는 되기 때문에 압력이 낮은 지역에서 사용하기 좋다. 또한 북유럽은 추운 지역이므로 따뜻한 수프를 많이 먹는데 더치오븐은 채소를 푹 고아서 수프를 만드는 데 적합하기 때문에 꼭 필요한 기구이다. 우리가 가마솥에 요리하는 것처럼 북유럽 사람들도 무거운 더치오븐을 사용해 돼지 뒷다리나 꿩에 무화과라든지 대추라든지 견과류 등을 넣어서 요리를 한다.

오븐요리는 장점이 많다. 오븐요리는 사방에서 열이 전달되므로 고르게 요리가 된다. 습열이 아니고 건열요리이므로 풍미가 훨씬 좋다. 우리 음식은 대체로 밑에서만 가열해서 국물을 통해서 열이 전달된다. 그래서 표면의 향이나 바삭바삭한 식감을 느낄 수 없다. 반면 오븐요리를 하면 겉은 바삭거리고 안은 부드러운 다양한 식감을 느낄 수 있다. 생선 요리를 할 때도 냄비에서 요리한 후 토핑한 뒤에 마지막에 오븐에 들어가면 또 다른 감미로운 요리를 만들 수 있다. 유럽 사람들은 오븐요리를 굉장히 즐겨한다. 채소라든지 과일이라든지 거의 모든 식재료가 오븐에 들어가서 요리가 된다. 호박, 토마토, 사과도 오븐으로 요리한다. 오븐요리에 관심을 가지면 훨씬 더 다양한 요리를 할 수 있다.

열과
상변화

　　식감은 분자미식학 분야에서 중요한 요소이다. 온도의 변화는 식재료 구조의 변형을 가져오고 이것은 식감을 변화시킨다. 우리가 과일을 주스로 먹을 때와 스무디로 먹을 때, 입에서 느끼는 식감은 전혀 다르다. 이러한 식감의 변화는 상변화phase transition에서 온다.

　　상변화란 무엇인가? 상에는 고체, 액체, 기체가 존재하는데 이 각각의 상이 열에 의해 또는 첨가제에 의해 다른 상으로 변화하는 것을 상변화라 한다. 열에 의한 상변화를 예로 들어 보자. 물은 온도에 따라서 고체인 얼음, 액체인 물, 기체인 수증기로 존재한다. 기압에 따라 다르지만 같은 기압에서는 0℃면 얼음이 물이 되고, 100℃가 되면 물이 수증기가 된다.

　　같은 물 분자가 온도에 따라서 상이 변화하여 고체에서 액체가 되고, 액체에서 기체가 되는 현상은 왜 일어날까? 이것은 물 분자 사이에서 작용하는 상호작용 때문이다. 물 분자는 고체인 얼음에서 서로 수소결합으로 질서 있게 잘 정돈되어 있다. 그런데 여기서 온도가 올라가면 분자와 분자 사이를 유지하는 힘보다 외부에서 작용하는 열에너지가 커진다. 그러면 결국 분자 간에 작용하는 힘이 약해져서 무

질서해지고, 분자 간의 구조가 무질서해지면 액체가 되어 형태가 없는 유동성을 가진다. 이에 더하여 외부의 열에너지가 너무 커지면 분자 간의 상호작용이 없어져서 액체는 기체가 되어 완전히 자유로운 형태가 된다.

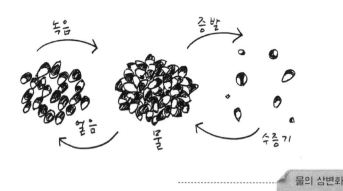

물의 상변화

물질은 자기구조를 유지하는 힘이 있다. 여러 가지 결합들에 의해 모양이 유지되는데 외부에서 이러한 힘보다 더 큰 에너지(열, 첨가제)가 오면 구조가 변한다. 즉 기존의 형태를 유지하는 힘과 그것을 깨려는 힘의 차이에 의해 상이 변한다.(첨가제에 의한 상변화는 58쪽, <요리와 상변화>에서 더 자세히 다루기로 한다.)

물질의 구조를 변화시키는 요인 중에서도 주어진 온도에 의해 상이 변할 때, 이 변화가 일어나는 온도를 임계온도라고 한다. 요리에서 임계온도는 그 요리가 성공적으로 완성되는 온도를 의미하기 때문에 중요하다. 과일이나 채소가 변하는 온도, 달걀이 변하는 온도, 육류가 변하는 온도는 각각 다르다.

상변화로 음식의
식감이 달라진다

달걀을 익히면 익히는 온도에 따라서 달걀의 형태와 식감이 달라진다. 달걀을 삶으면 62℃에서는 노른자가 흘러내릴 정도로 아주 부드럽게 익는다. 64℃가 되면 노른자와 흰자의 형태가 고정될 정도로 익다가 66℃가 되면 단단하게 익는다. 달걀은 낮은 온도에서는 원래의 액체 상태로 있다가 온도가 올라가면 익는데 이것은 달걀의 주성분인 단백질이 변성이 돼서 서로 달라붙기 때문이다. 이렇게 온도에 따라서 단백질의 상이 변화되는 현상이 요리과정이다.

달걀흰자와 노른자는 서로 다른 단백질로 이루어져 있는데 단백질이 다르면 익는 온도, 임계온도가 다르므로 온도에 따라 식감이 달라진다. 단백질蛋白質이란 말은 달걀흰자라는 뜻이다. 달걀흰자에 많이 존재하는 물질이기 때문이다. 단백질은 영어로 프로테인protein인데 이 말은 중요함을 의미하는 라틴어 프로테오스proteos에서 유래하였다. 단백질은 우리 몸에서 아주 중요한 역할을 하기 때문이다.

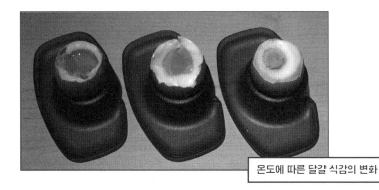

온도에 따른 달걀 식감의 변화

앞에서 언급했듯 달걀을 삶기 위해 열을 가하면 64℃에서 익는다. 하지만 자세히 따져보면 안에 있는 단백질들이 변성되는 온도는 각기 다르다. 달걀흰자에는 열 가지 이상의 단백질들이 있는데, 그중 주성분 단백질인 오브알부민ovalbumin은 80℃쯤 되어야 변성이 된다. 철과 강하게 결합되어 있는 오보트란스페린ovotransferrin 단백질은 64℃에서 변성되는데, 바로 이 단백질이 달걀에 열을 가할 때 가장 먼저 응고되어 달걀을 익히는 온도를 결정하는 것이다. 달걀의 노른자 단백질은 70℃에서 변성된다. 이 같은 임계온도의 차이에서 보듯, 달걀 하나를 익히더라도 프라이를 할 것인지, 물에서 수란을 할 것인지, 반숙을 할 것인지, 완숙을 할 것인지에 따라서 식감도 완전히 달라진다.

초밥집에 가면 참치 초밥을 요리할 때 참치의 표면을 약간 가열한다. 참치 단백질에는 근육조직을 이루는 미오신과 힘줄의 성분 단백질인 콜라겐 단백질이 있는데, 미오신은 40℃, 콜라겐은 60℃에서 변성된다. 그래서 참치를 약 60℃ 정도의 열로 가열해 표면을 그을리면 약간 비린 맛들은 잡아주고, 콜라겐이 젤라틴으로 변하면서 표면을 약간 단단하게 하여 씹는 맛을 준다. 가열하지 않은 날생선으로 초밥을 만들 때와는 전혀 다른 식감을 주는 것이다.

설탕도 온도에 따라서 색도 달라지고 형태가 달라진다. 가열함에 따라서 설탕은 시럽 상태가 되고, 물엿 상태가 되고, 단단한 캔디 상태가 되고 170℃가 넘으면 갈변반응을 하여 캐러멜 상태가 된다. 같은 식재료도 온도에 따라 구조나 모양이 달라져 식감이 달라지므로 열에 의한 상변화는 요리에서 중요한 개념이라 할 수 있다.

요리와 압력

　압력은 단위 면적에 수직으로 작용하는 힘이다. 그중에서도 기체의 압력인 기압은 온도의 영향을 받는다. 높은 산에서는 물이 낮은 온도에서 끓어서 밥이 잘 되지 않는다는 사실이 그 대표적 예다. 1기압일 때 보통 얼음은 0℃에서 녹고 100℃에서 수증기가 된다. 그러나 기압이 낮아지면 물이 90℃에서 끓기 시작하다가 수증기가 된다. 즉 낮은 기압에서는 낮은 온도에서 물이 끓기 시작하므로 정상 기압에서보다 더 오래 가열해야 요리가 완성된다. 하지만 낮은 온도에서 장시간 요리하면 식재료 본연의 맛을 간직할 수 있다. 이런 이유 때문에 최근 분자요리학에 저기압·저온 요리법이 많이 이용되고 있다.

저기압·저온 요리법
- 수비드

　　　　2013년 미국레스토랑협회에서 조사하여 발표한 바에 의하면 최근 조리 방법의 핫 트렌드 세 가지는 '발효, 절임, 수비드'라고 한다. 그중 수비드Sousvide는 분자미식학의 대표적인 요리법이다. 수비드에서 수sous는 프랑스어로 '아래에'라는 뜻이다. 그래서 총

괄 셰프 아래에 있는 보조 셰프를 수셰프sous chef라 한다. 비드vide는
'비어 있다'는 뜻이다.

1970년대 프랑스 리옹에 있는 미슐랭 3스타 레스토랑 라 메종La
maison, 그곳의 셰프인 조르주 프라뤼George Pralus는 어떻게 하면 고기
요리를 더 부드럽게 할 수 있을지를 고민했다. 특히 고기에 맞는 토
마토 소스를 만들 때 어떻게 하면 토마토의 색과 향이 살아 있는 소
스를 만들 수 있을까를 생각하다가 토마토를 비닐 팩에 싸서 밀봉한
채 요리하는 법을 연구하기 시작했다. 압력이 낮을수록 저온에서 끓
기 시작한다는 원리에 따라 식재료를 오래 숙성시키며 요리할 수 있
었다. 그 요리가 발전하여 수비드 요리의 시작이 되었다. 밀봉 상태로
음식을 조리하면 기존에 발생되던 수분 손실로 인한 무게의 감소와
향미 성분의 손실(향을 내는 물질은 대부분 휘발성이 높아 높은 온도로 가
열하면 공기 중으로 날아간다)과 같은 문제점을 최대한 해결할 수 있다.
최근에는 수비드 요리가 대중화되어 여러 음식점에서 많이 시도하는
기법이 되었다. 수비드 기법으로 요리를 하면 음식이 부드럽다. 또 음
식의 풍미가 보존되고 음식이 산화되지 않아서 더 맛있다.

본연의 색과 향, 육질을 살리는 수비드 요리

해외에서는 『쿠킹 수비드cooking sousvide』 같은 여러 전문 서적이 출판되어 나올 정도로 수비드 요리가 보편화되고 있다. 이 요리법이 나날이 각광받고 있는 이유는 뭘까?

전통적 방법대로 고온에서 요리를 하면 많은 화학반응들이 일어나서 채소, 과일의 색이 변하거나 육류도 단백질이 변성된다. 또 향, 색, 식감 등이 변하여 좋은 요리를 만드는 데 한계가 있다.

구체적인 예를 들어보자. 스테이크를 고온에서 요리하게 되면 근육에 있는 미오신 단백질이 산화가 되어 색이 계속 변하게 된다. 단백질이 변성하게 되면서 색도 검은색이 되고 고기의 근육도 단단해지지만, 정작 스테이크의 안쪽 부분은 핏빛이 그대로 있기 일쑤이다. 그런데 수비드 요리를 하면 낮은 온도에서 긴 시간 요리하므로 균일하게 살아 있는 육질과 본연의 향을 가지고 있는 음식을 만들 수 있다.

생선 요리는 육류에 비하여 낮은 온도에서 해야 한다. 육류의 미오신은 온도를 50℃까지 올려야 단백질 변성이 일어나지만 생선의 근육을 이루는 생선 미오신은 40℃에서 변성이 된다. 그래서 생선 단백질은 조금만 가열하여도 뻑뻑해진다. 보통 샐러드로 해서 먹기도 하고 스테이크로 먹기도 하는 연어는 낮은 온도에서는 선명한 분홍색을 갖지만 가열 온도가 올라가면 육질 색이 하얀색이 된다. 그래서 수비드 요리 방법으로 낮은 온도에서 요리해야 본연의 붉은 색과 향, 육질을 가지고 있을 수 있다.

수비드 요리에는
어떤 장점이 있을까

요리에서 가장 중요한 것은 가열 온도와 시간이다. 고온에서 요리를 하면 식재료가 본디 가지고 있던 맛이 파괴될 수 있으나, 압력의 도움을 받아 낮은 온도에서 요리하면 식재료의 식감을 유지할 수 있다. 물론 요리 온도가 단순히 맛의 차이만 가져오는 것은 아니다. 고온에서 요리할 때는 음식의 영양분이 많이 파괴되지만 낮은 온도에서 요리하면 영양, 맛, 향을 유지할 수 있다. 우리가 수육을 할 때를 생각해보자. 냄비에 물을 넣고 몇 가지 향신료와 함께 고기를 넣고 익히는데 이때 고기가 가지고 있는 많은 영양소는 국물로 다 빠지게 된다. 이에 비해 수비드 요리는 낮은 온도에서 공기가 통하지 않는 진공 팩에 넣어서 요리하는 것이기 때문에 산화반응이 일어나지 않으며, 팩 안에 영양소와 향도 그대로 간직할 수 있다. 또 병원균이라든지 직접 태움으로써 생기는 발암 물질로부터 벗어나 깨끗하게 요리를 할 수 있다.

수비드 요리의 중요한 장점은 정확한 온도 조절이 가능하다는 것이다. 계속 이야기했듯 요리에서 가장 중요한 요소는 온도, 열이다. 따라서 불을 볼 줄 알아야 한다. 프라이팬으로 요리를 할 때, 팬의 표면을 보고 온도가 어느 정도인지 짐작할 줄 알아야 한다. 튀김을 할 때도 기름의 상태를 보고 기름 온도가 어느 정도인지 알 수 있어야 한다. 가스레인지 불을 보면 요리하기 좋은 불인지 아닌지 볼 수 있어야 한다. 하지만 요리를 할 때 어려운 점은 팬의 바닥과 윗부분의 온도가 다르고, 식재료마다 온도가 전부 달라서 요리 온도를 조절하는 일이 쉽지 않다는 것이다. 그러나 수비드 요리는 항온수조 water bath를 이용해 일정한 온도에서 조리하므로 정확하게 온도 조절을 할 수 있다. 또한 수비드 요리는 항온수조에서 익힌 식재료에 간단한 과정만 더해 미리 요리를 해놓을 수 있기 때문에 짧은 시간에 많은 분량을 세팅할 수 있다.

간단히 할 수 있는
수비드 요리

최근에는 가정에서 간단하게 사용할 수 있는 진공 포장기가 많이 상품화되어 있다. 보통은 음식 보관용으로 판매되는데 음식을 보관할 때 그냥 접시에 보관하는 것과 진공으로 보관

비닐 속의 고기
water bath에서 항온요리

하는 것은 차이가 많이 난다. 채소나 식재료를 진공으로 포장해 보
관하면 색도 변하지 않고 균에 의해서 부패되지도 않아 싱싱하게 오
래 보관할 수 있다. 이것을 항온수조에 넣어서 조리하면 수비드 요리
가 된다. 고기, 생선에 올리브 오일, 허브, 버터, 그 밖의 다른 양념을
같이 넣어서 진공 포장한 다음에 수비드 요리를 하면 양념과 향이 식
재료에 배어 더 맛있는 요리를 할 수 있다. 기체, 액체 상태의 향을
내는 향신료를 구입하여 그것을 넣어서 요리하면 내가 원하는 향을
가진 요리를 할 수 있다. 진공 포장한 식재료를 수비드 요리법에 가
장 적당한 온도인(일반적으로) 55℃로 공정된 항온수조에 넣고 기다
리면 요리가 된다. 보통 부드러운 새우는 30분 정도, 육류는 24시간

넣어둔다.

항온수조는 보통 과학 실험실에서 사용하는 기기이다. 항온수조 안에는 가열기와 액체 순환장치가 있어 물의 온도를 항상 일정하게 유지시켜준다. 예를 들어 온도를 55℃로 맞추어 놓으면 온도가 떨어져도 자동으로 가열기가 작동하여 55℃로 유지할 수 있도록 되어 있다.

간단한 수비드 치킨요리!

치킨 가슴살을 진공 포장한 다음에 항온수조에 넣고 60℃에서 2시간 동안 익힌다. 고기가 익으면 스모킹건smoking gun*을 사용하여 원하는 향을 훈제하면 된다. 이렇게 수비드 요리 후에 닭고기를 토치램프로 그을리면 고소한 맛이 난다. 이때 닭 껍질에서는 지방, 단백질, 당에 화학반응이 일어나 고소한 향과 노릇한 색이 만들어지게 되고, 이로써 굉장히 부드러운 육질과 향을 가지고 있는 음식이 만들어진다.

*스모킹건: 쑥뜸기처럼 나무를 태워 향을 내는 기계. 태우는 나무의 종류에 따라 다른 향을 입힐 수 있다.

수비드와 같은 진공 요리뿐만 아니라 높은 압력인 고압도 충분히 요리에 이용할 수 있다. 높은 압력에서 요리를 하면 물이 더 높은 온도, 즉 100℃가 넘는 110℃에서 요리가 된다. 진공 요리와 달리 높은 온도에서 짧은 시간 요리를 하므로 긴 시간이 필요한 사골과 같은 뼈요리를 하는 데 유용하다.

압력솥에는 압력을 잡기 위해 단단히 고정하는 고정 장치가 있다. 옛날 가마솥의 솥뚜껑은 굉장히 무거워 솥뚜껑 무게로 압력을 유지한다. 보통 단단한 갈비를 압력솥에서 고아 부드럽게 먹는다. 이렇게 음식을 빠른 시간 안에 완성하면 음식이 산화되고 변성되는 것을 방지할 수 있다. 치킨이든 밥이든 콩이든 보통 60분간 요리하던 것을 압력솥을 쓰면 15분 안에 음식을 완성할 수 있다.

🕸️ 요리와 상변화

우리 주위에 있는 많은 물질은 혼합물 상태로 존재한다. 마요네즈 같은 에멀션emulsion, 젤리 같은 젤gels, 맥주와 카프치노에서의 거품foam, 걸쭉한 소스 같은 분산dispersion등 혼합물의 종류는 다양하다. 그리고 이러한 혼합물들은 물리학에서는 연성물질soft matter이라고 한다. 이 연성물질은 액체-액체(기름과 물이 섞인 에멀션), 액체-기체(거품)가 혼합된 형태로 존재한다. 물질의 혼합물에 첨가제를 넣고 저어주면 이들이 서로 재조합하여 새로운 형태의 상을 만드는데, 이렇게 상이 변하면 또 다른 식감과 맛을 가져온다. 에멀션이나 젤은 의약품, 화장품과 관련하여 많이 볼 수 있다. 화장품은 기름 속에 수분을 많이 함유하고 피부에 잘 스며들고 오래 머무르게 하기 위하여 크림, 에멀션, 젤 상태로 제조한다.

물과 기름이 섞여 있다?
- 에멀션

에멀션은 일반적으로 기름, 물, 계면활성제surfactant로 이루어져 있다. 계면활성제는 액체의 표면에 흡착해 표면장력을 줄

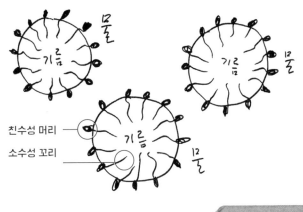

친수성 머리

소수성 꼬리

물속 기름 에멀션의 구조

물에 첨가된 계면활성제 분자가 일정 농도가 되면 친수성인 계면활성제의 머리 부분이 물 쪽으로 노출되는 둥근 형태를 띠게 되는데, 이를 미셀(micelle)이라 한다. 또 미셀이 형성되기 시작한 농도를 임계미셀농도(critical micelle concentration)라고 한다.

이는 물질로, 기름과 물이 섞이도록 도와준다. 비누를 구성하는 성분인 유화제, 달걀노른자에 들어 있는 레시틴 등은 계면활성제의 일종이다.

계면활성제는 양친매성amphiphilic, 양극성을 띤 물질로, 물에 잘 녹는 친수성hydrophilic, 극성분자 부분과 기름에 잘 녹는 소수성hydrophobic, 비극성분자 부분으로 구성되어 있다. 즉 친수성인 부분은 물과, 소수성인 부분은 기름과 상호작용하여 유화막을 만들고 물과 기름을 섞이게 하는 것이다. 기름이 수돗물만으로는 씻기지 않으나 세제를 가하

여 비누막이 형성되면 물에 기름을 녹일 수 있어 기름때가 씻기는 현상과 마찬가지다.

계면활성제와 같이 에멀션을 만드는(에멀션 상태를 오래 유지시켜주는) 물질은 동식물 모두가 가지고 있는 세포막에서 얻을 수 있다. 세포막은 친수성 머리 부분과 소수성 꼬리 부분을 모두 가진 양친매성, 즉 인지질phospholipid분자가 두 층으로 나란히 배열되어 있는 구조로, 그 종류가 다양할 뿐 아니라 계면활성제 역할도 훌륭히 해낸다. 세포막 성분뿐만 아니라 단백질 성분으로도 에멀션을 만들 수 있다.

상이 분리되지 않은
안정된 마요네즈를 만들려면

대표적인 에멀션 음식은 마요네즈이다. 마요네즈는 어떻게 만들까? 기름, 식초, 물, 달걀노른자를 넣고 같은 방향으로 계속해서 저어주면 된다. 약간의 소금과 후추까지 넣어주면 더욱 훌륭한 소스가 된다. 이렇게 만들어진 마요네즈는 상온에서 반고체 상태를 형성한다.

마요네즈를 만들 때는 콩기름이나 옥수수기름 같은 식물성기름을 사용하는 것이 특징이다. 달걀의 노른자는 기름과 식초를 유화시키는 작용을 하며 이때 기름의 상태나 온도에 따라 층이 분리될 수 있으므로 구성 성분의 비율과 온도에 주의해야 한다. 마요네즈는 시큼하면서도 고소한 맛이 나며 녹색 채소나 붉은색 과일과도 맛이 잘 어우러져 다양한 소스로 사용되고 있다. 일본 사람들은 튀김을 거의 마요네즈에 찍어 먹고 유럽 사람들도 생선같이 비릿한 것들을 마요네즈에 찍어 먹는다. 마요네즈는 열에 약해 감자 등의 익은 채소에 뿌릴 때는 적당히 식힌 후에 넣어야 한다. 익힌 채소에 묽은 드레싱을 뿌리면 바로 스며들어 익힌 채소의 맛을 저해하므로 적합하지 않다.

마요네즈의 유화제로 사용되는 달걀노른자는 약 51%의 물, 16%의 단백질, 32%의 지방 그리고 1%의 탄수화물로 구성되어 있다(흰자는 오로지 약 11%의 단백질과 물로 이루어져 있다). 마요네즈에서 지방과 물은 유화제 역할을 하는 달걀노른자의 단백질에 의해 에멀션 상태를 유지한다. 노른자의 주성분인 레시틴lecithin은 막을 이루는 주성분이다. 이 말은 그리스어의 난황lecithos에서 유래하였다. 레시틴은 생체막의 주요 성분인 인지질의 하나로 콜린, 지방산, 글리세롤, 인산 등으로 구성되어 있다. 레시틴은 동물이나 식물세포 등의 세포막을 구성하는 주요 성분이며 포유류에서는 전체 인지질의 30~50%를 차지한다. 달걀노른자(5g)에 들어 있는 계면활성분자들은 단분자층으로 만들면 축구장 하나를 덮고도 남을 정도의 양이 된다. 따라서 달걀 하나만 있어도 마요네즈 몇 리터쯤은 충분히 안정화할 수 있다. 마요네즈를 만들 때는 가능한 한 빨리 저어줘야 계면활성분자를 충분히 안

정화하여 상이 분리되지 않는 안정된 마요네즈를 만들 수 있다.

그림은 레시틴의 구조이다. 레시틴에는 이렇게 극성인 친수성 머리가 있고, 비극성인 소수성 꼬리가 있다. 레시틴 같은 계면활성제를 통하여 물속에서 기름을 잡고, 기름 속에서 물을 잡고 있다. 이것들의 구성 물질의 조성비에 따라서 기름 속 물 에멀션water-in-oil emulsion인지 물속 기름 에멀션oil-in-water emulsion인지가 결정된다. 에멀션을 만들 때는 각 성분의 농도가 굉장히 중요하다.

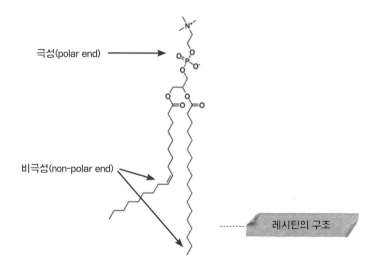

극성(polar end)

비극성(non-polar end)

레시틴의 구조

레시틴은 분자의 곁사슬side chain에 어떠한 알킬 그룹alkyl group이 붙어 있는가에 따라 여러 가지의 다양한 종류가 있다. 한 예로 레시틴 중에 많이 쓰이는 것이 콩에서 분리된 레시틴이다.

물속에서 공기를 잡고 있는 것
- 무스 혹은 거품

무스mousse는 프랑스어로 거품을 의미하는데, 요리에서는 거품이 있는 달고 부드러운 가벼운 과자를 뜻한다. 주로 휘저은 크림이나 거품을 낸 달걀흰자를 섞어 만든다.

무스는 물속에서 기름을 잡고 있는 마요네즈와는 다르게 물속에서 공기를 잡고 있다. 계면활성제 역할을 하는 달걀흰자의 단백질에 의해 물속에서 공기를 안정화한다. 보통 무스를 만들었을 때 그 크기가 작은 이유는 공기가 부족하기 때문이 아니라 수분이 부족하기 때문이다. 무스의 안정성은 사실 액체의 점성과 기포의 크기가 결정한다. 액체의 점착성 및 점도를 증진시키고 안정성을 증진시키기 위해 첨가제를 쓰기도 한다. 치즈에는 지방질과 계면활성분자들이 많이 들어 있는데, 그 가운데 카세인casein이라는 단백질은 우유 속의 지방 방울들을 분산시키는 역할을 한다.

요즘은 거품이 하나의 요리 소재가 되기도 한다. 달걀흰자를 빠르게 저으면 거품이 되는데 이것은 흰자의 10%를 이루는 단백질이 계면활성제 역할을 하기 때문이다. 일반적으로 단백질은 20가지의 아미노산이 연결된 중합체로 이루어져 있다. 아미노산은 탄소에 수소, 아민, 카복실산, 알킬로 이루어져 있는데 알킬의 종류에 따라서 극

성, 비극성, 이온 아미노산으로 구별된다. 예를 들어 아스파르트산 aspartic acid은 −이고 라이신lysine은 +이다. 계면활성제가 모여 막을 만들고 막 안에 공기를 포함하면 공 모양의 거품이 된다. 그러한 거품은 불안정하여 오랫동안 있지 못하고 조금 지나면 없어진다. 또한 거품에 기름이 첨가되면 기름은 공기막을 파괴하고, 거품막을 터뜨리며, 거품을 없앤다. 기체가 액체 안에 있는 거품이 있고, 기체가 고체 안에 있을 수도 있다. 빵을 보면 가운데에 빈 공기층 자리가 있다. 이것도 달걀흰자에 있는 단백질이 막을 싸서 공기를 가둔 것이다.

입 안에서 톡톡 터지다
− 구체화

최근 분자미식학에 의해 개발된 요리 방법 중에 한 가지는 구체화spherification 기법이다. 구체화란 말 그대로 버블, 공 모양을 만드는 요리 기법이다. 대표적인 예로는 요즘 유행하는 요리 중 과일즙을 캐비아caviar같이 작게 구체화하여 탱탱하게 만들어 입속에서 톡톡 터지게 한 것이 있다. 생선을 먹을 때 신선한 레몬이나 체리 향을 함께 음미하고 싶을 땐 어떻게 할 수 있을까? 만일 레몬즙을 생선에 뿌리면 레몬즙은 생선 위에 균일하게 퍼져버려 생선 맛과 섞여버리지만 구체화한 레몬을 사용하면 생선과 함께 레몬의 농도를 조절하여 레몬의 맛과 향을 그대로 살릴 수 있다. 이렇게 하면 다른 맛과 섞이지 않은 순수한 맛을 즐길 수 있다. 망고나 블루베리 같은 과일도 구체화하면 다른 음식에 간단히 곁들여 먹을 수 있다. 무엇을 구체화하느냐에 따라서 여러 가지 순수한 맛을 즐길 수 있다.

  그렇다면 어떻게 액체를 구체화할 수 있을까? 구체화는 알긴산alginic acid으로 만든 화학적 젤이다. 알긴산 구체화는 액체질소, 한천 스파게티와 더불어 여전히 분자요리를 대표하는 요리 기법이다. 알긴산은 육상식물의 셀룰로스cellulose에 대응되는 해양식물 성분으로 갈조류의 세포벽에서 추출되며, 글루론산guluronic acid과 만누론산mannuronic acid, 두 종류의 분자가 서로 교차하여 블록 형태로 결합해 이루어진 중합체이다. 이 물질에 칼슘을 넣으면 알긴산이 칼슘을 중심으로 재배열을 하게 되고 막을 만든다. 즉 알긴산은 열이 아

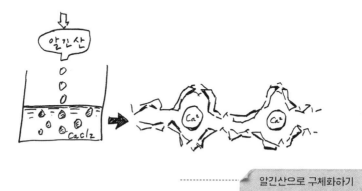

알긴산으로 구체화하기

닌 칼슘과의 화학적 반응을 통해 굳는다. 보통 알긴산 나트륨은 재료 질량의 0.7~0.8%, 칼슘염은 1~2%를 사용하여 만든다. 마치 달걀을 달걀 껍질이 싸고 있는 것처럼 칼슘을 알긴산이 싸서 막을 이룬 뒤 공 모양이 된다. 이렇게 구체화된 막의 두께는 시간에 지남에 따라서 두꺼워진다. 이 기법을 이용하여 여러 가지 과일 향의 버블을 만들어 버블티 재료로도 사용하고 있다.

고체 그물이 수분을 가두면
- 젤화

탄수화물 다당류인 펙틴pectin을 넣고 가열하고 냉각하면 그물 구조를 형성하여 젤이 된다. 냉각되면서 펙틴이 자기들끼리 결합하면서 응고하여 새로운 분자 간의 결합을 이루기 때문이다. 응고가 일어나면 고체 그물이 만들어지고 수분은 안에 갇히게 된다. 이러한 수분을 함유하고 있는 젤을 하이드로젤hydrogel이라 한다. 해초로부터 얻는 한천agar, 식물 세포벽을 이루는 펙틴, 미생물(균)을 발효시켜 만든 잔탄검xanthan gum, 동물 콜라겐으로 만든 젤라틴gelatin, 식물에서는 셀룰로스, 메틸셀룰로스methyl cellulose 들이 하이드로젤의 성분들이다. 젤라틴, 메틸셀룰로스는 요리에 많이 사용되며, 초콜릿을 만들 때나 곤약, 사탕, 과자, 소스 드레싱 등에도 사용된다.

탄수화물에 의한 젤화

　　　　　　요리에 사용되는 젤은 탄수화물, 단백질이다. 젤은 여러 가지 형태로 변형할 수 있으며 음식의 질감을 변화시켜서 새로운 요리에 응용할 수 있다.

　해초로부터 만들어지는 젤은 한천과 카라기난carrageenan이다. 식품 산업에서는 젤을 만들 때 카라기난을 주로 사용하고 있다. 카라기난은 해초인 홍조류에서 추출되는 일종의 탄수화물이다. 용액에 넣은 카라기난은 식으면 스프링처럼 나사선helix 구조가 되어 젤 상태가 되며, 칼슘을 만나면 젤을 만들어내는 힘이 커져 단단한 젤이 된다. 이때 젤의 응고작용을 돕고 영양을 강화하며 미생물 억제를 위해 산도

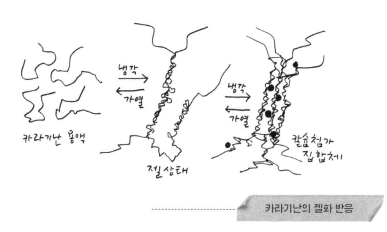

카라기난의 젤화 반응

조절제인 젖산칼슘을 넣기도 한다. 젖산칼슘은 젤 반응에 안전하면서도 칼슘을 줄 수 있는 물질이다.

카라기난은 요리 전체 질량의 0.1~0.5%를 넣는다. 해조류에서 추출한 안정된 젤화제는 70~80℃ 정도까지는 가열해도 안정성을 갖지만, 더 오래 가열하면 수분의 손실이 일어나기 때문에 질겨진다.

한천은 카라기난처럼 해조류인 홍조류에서 추출한 갈락토스galactose와 갈락토스 유도체로 이루어진 다당류로, 예로부터 일본 전통 과자에 쓰이는 강력한 젤화제이다. 한천에서는 젤을 방치할 때에 자연적으로 액체가 굳어지면서 수분을 방출하는 일종의 탈수현상인 이액현상synersis이 나타난다.

펙틴의 구조

펙틴은 고등식물체에 널리 분포되어 있으며, 세포 간 물질 또는 세포막 구성 성분으로 존재하는 다당류이다. 펙틴은 프로토펙틴protopectin, 펙틴산pectinic acid, 펙트산pectic acid 등과 함께 펙틴질을 이루고 있는 주요 성분이다. 펙틴은 가열되면 물을 함유하게 되어 팽

창하고 다른 펙틴과 상호작용하여 새로운 망network을 만들면서 단단한 젤 상태가 된다.

● 을 중심으로 그물처럼 엮어짐

펙틴의 그물망

펙틴을 사용하여 과일 잼을 만들 수도 있다. 먼저 차가운 상태에서 과일의 즙과 섬유질을 분리하고 과육을 잘게 부순다. 그다음 이렇게 분쇄된 물질을 즙에 넣고 낮은 온도의 불에서 가열한 뒤 꺼내서 식히면 된다. 저온의 불로 가열하는 이유는 과일에 있는 휘발성 향 분자들의 증발을 막기 위해서다.

셀룰로스 분자는 서로 결합해 미세섬유를 이루며, 미세섬유들은 다시 서로 모여 거대섬유 단계를 거쳐 섬유질을 이룬다. 이 섬유질이 공간에 배열하면서 세포벽을 이루게 된다.

셀룰로스 골격에 붙은 카르복시기와 메톡실기, 아미드기에 따라

펙틴의 물리화학적 속성이 달라진다. 어느 것이 많은가에 따라 저메톡실 펙틴, 고메톡실 펙틴, 아미드 펙틴이라고 부른다. 저메톡실 펙틴은 부드러운 젤을 만들어주고 고메톡실 펙틴은 단단한 젤을 만들어준다. 아미드 펙틴은 저메톡실 펙틴과 비슷하지만 화학적 변화를 통해 칼슘과 더 많이 반응한다.

한편 메틸셀룰로스는 상당히 독특한 성질을 가지고 있다. 대부분의 젤은 온도가 내려가면 젤이 되는데, 반대로 메틸셀룰로스는 낮은 온도에서는 용액 상태이고, 온도가 올라가면 잡고 있던 물을 내뿜어서 자기들끼리 결합하여 더 단단한 젤이 된다. 이처럼 메틸셀룰로스는 열을 가하면 젤을 형성하는 효과가 있어 핫(hot)아이스크림 재료로 사용된다. 일반 아이스크림은 상온에서 다 녹아내리지만 이처럼 메틸셀룰로스 매질의 아이스크림은 높은 온도에서 더 단단해져 식감이 남아 있다.

메틸셀룰로스의 구조

우리 주위에 젤 상태로 먹는 식품에는 도토리묵, 청포묵 등이 있다. 식물성 탄수화물인 녹말에 물을 붓고 가열하게 되면 탄수화물이 물을 함유하여 부풀어지고 새로운 결합을 형성하여 묵이 만들어진다.

단백질에 의한
젤화

한국의 전통요리인 편육처럼 동물성 단백질인 젤라틴을 사용해서 젤을 만들 수도 있다. 젤라틴은 동물의 피부, 뼈 등에 존재하는 단백질인 콜라겐의 유도물질이다. 먼저 동물의 피부·뼈 및 근육조직을 산이나 알칼리로 처리한 후 끓여서 콜라겐을 추출한다. 이것을 다시 가열하면 단백질이 풀어져 분자량 10만 정도의 젤라틴이 만들어지고 여기에 가수분해hydrolysis, 물에 의한 분해반응 효소를 처리하면 요리에 사용할 수 있는 2000 정도의 분자량을 가진 작은 젤라틴이 만들어진다. 젤라틴을 요리에 첨가제로 사용하면 또 다른 식감과 향을 만들 수 있다. 젤라틴을 저으면 거품이 생성되는데, 이것은 유화제 또는 안정화제의 역할을 한다.

생선의 머리와 뼈도 오랫동안 가열한 후 식히면 젤이 된다. 생선의 근육을 만드는 미오신 단백질이 액틴actin 단백질에 의해서 더 단단해

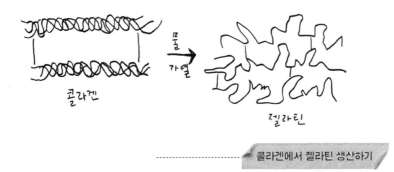

콜라겐에서 젤라틴 생산하기

져 수용성 젤이 된다. 젤화는 주로 미오신에 의해 일어나며, 액틴은 직접 젤을 만들지는 못해도 미오신이 함유된 용액 속에 들어가면 젤을 더욱 강화시키는 역할을 한다. 젤의 강도는 열전도 속도, 최고 가열 온도, 단백질 농도, 산성도, 미네랄 농도 등의 여러 변수들에 영향을 받는다. 단백질 용액을 가열해 만든 젤의 경우 단백질 최저 농도가 1리터당 10g 이상일 때 젤이 형성된다. 갈색송어의 단백질 용액은 좀 더 산성인 환경(pH 5, 6 정도)에서 젤이 형성된다.

효소에 의한
상의 변화

육류로 면을 만들 수 있을까? 육류는 주성분이 단백질이고 면의 주성분은 탄수화물이어서 물성이 서로 다르다. 그러나 육류에 효소인 트랜스글루타미나아제transglutaminase를 첨가하면 효소에 의해 식재료가 서로 교차결합crosslinking 하여 접합력이 향상돼서 면처럼 단단해진다. 이 효소는 단백질을 이루는 아미노산 중에서 라이신과 글루타민glutamine을 교차결합 하여 단백질 구조를 바꾸고 다른 식감을 갖게 한다.

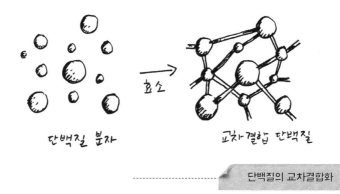

단백질 분자   효소   교차결합 단백질

단백질의 교차결합화

식품산업에서 트랜스글루타미나아제는 '액티바'라는 상품명으로 출시되고 있다. 어묵 같은 수산물 반죽 제품이나 소시지, 햄과 같은 가공에 가장 활발하게 사용된다. 트랜스글루타미나아제 효소를 사용해서 적당한 탄력성과 부드러운 식감을 만들 수 있다.

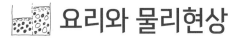

요리와 물리현상

물리적 평형이란
무엇인가

요리는 화학적으로는 열에 의한 열반응이지만 물리적으로 보면 물리적 평형이다. 자연의 모든 반응은 엔탈피enthalpy는 작아지는 쪽으로, 엔트로피entropy는 커가는 쪽으로 흘러간다. 이 세상을 지배하는 법칙인 자유에너지 법칙이다. 모든 만물의 상태는 평형상태를 이루는 쪽으로 흘러간다.

같은 양의 100℃ 뜨거운 물과 0℃ 찬물을 섞었을 때, 합해진 물의 온도는 시간이 지나면서 평형상태인 50℃가 된다. 르 샤틀리에의 법칙Le Chatelier's principle인 평형이동의 법칙으로 설명할 수 있다. 열역학적으로 평형상태에 있는 물질계에 외부로부터 온도, 압력, 물질이 가해졌을 때 평형상태는 영향이 약해지는 방향으로, 즉 평형의 조건을 변화시키면 그 변화를 없애고자 하는 방향으로 새로운 평형에 도달한다는 것이다. 열을 필요로 하는 흡열반응은 열을 가하면 잘되고, 물을 필요로 하는 가수분해반응은 물이 가해지면 반응이 잘된다. 자연은 있는 것을 소비하여 새로운 평형상태로 진행한다.

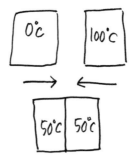

0℃ 물과 100℃ 물이 합해져 50℃ 물이 되는 현상

온도의 평형상태

김장할 때 소금을 뿌려두는 이유
- 삼투현상

요리에서는 확산, 용해, 흡수, 투과 등 물과 관련된 물리현상이 아주 중요하다. 이러한 물리현상은 주로 절임, 발효, 무침과 같은 열을 사용하지 않는 비열요리에서 확인해볼 수 있다. 그중 비열조리법인 절임에서 중요한 현상은 삼투osmosis현상이다. 삼투현상은 농도가 서로 다른 둘 이상의 용액이 있을 때 물질의 농도가 평형상태에 이르기 위하여 농도가 낮은 쪽에서 농도가 높은 쪽으로 용매가 이동하는 현상을 말한다. 이 현상을 통하여 농도의 평형상태는 유지된다.

삼투현상은 비열요리에서 가장 중요하다. 식재료에 소금을 뿌리

는 것은 식재료에 짠맛을 가해서 맛을 내기 위함도 있지만, 식재료에서 수분을 제거하여 더 단단한 식감을 얻기 위해서이기도 하다.

채소나 생선의 세포를 둘러싸고 있는 반투막에서 액체의 농도 조절 현상이 일어난다. 수분은 농도가 낮은 쪽(식재료 내부)에서 높은 쪽(외부)으로, 소금은 농도가 높은 쪽(외부)에서 낮은 쪽(내부)으로 이동하며 평형상태를 이룬다. 채소를 떠올려보자. 단순히 물에 넣어두었을 때는 물을 흡수해서 싱싱해지지만, 소금을 뿌려두면 반대로 수분이 밖으로 빠져나와서 탱탱해진다. 설탕이나 식초도 소금을 뿌리는 것과 같은 효과를 낸다. 이처럼 농도가 다른 용액의 농도를 맞추기 위하여 누르는 힘을 삼투압이라고 한다.

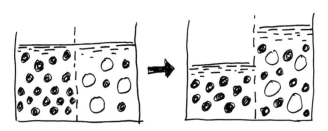

작은 분자가 막을 통과해 큰 분자와 합하여 섞이는 현상

삼투현상

김치에서 가장 중요한 과정은 절임이다. 그래서 옛날 사람들은 맛있는 김치를 먹으려면 소금을 아끼지 말라고 했다. 그런데 배추 위에

소금이 오랜 시간 뿌려져 있으면 배추의 수분뿐만 아니라 배추의 향과 맛의 성분까지 우려져 같이 빠져나오므로, 소금을 많이 쳐서 짧은 시간 안에 절여야 한다. 그렇다면 배추에는 소금을 얼마나 넣어야 될까? 그때그때 다르다. 배추는 적어도 80% 이상이 수분인데 수분의 양은 봄배추 다르고, 여름배추 다르고, 가을배추 다르고, 노지배추 다르고, 하우스배추 다르다.

여름배추에 비하여 가을 김장배추는 수분이 별로 없다. 그래서 여름배추에 소금을 뿌리듯이 가을배추에 간을 하면 수분이 밖으로 다 빠져버린다. 요리책에 나오는 대로 무조건 '1kg당 소금 얼마'가 아니다. 우리 선조들이 식재료를 눈으로 보고 그때그때 직감으로 간을 맞추었듯이, 지금 절이려는 배추가 가지고 있는 수분 상태에 따라 소금의 양을 정하는 것이 과학이다. 이렇게 하는 요리가 과학적인 요리이다.

소금은 음식에 굉장히 많이 쓰이는 재료이다. 소금은 쓴맛을 중화하고, 풍미를 강화하고, 음식을 보존하고, 식감을 좋게 한다. 예를 들어 채소는 데칠 때 소금을 넣으면 단단해진다. 달걀을 삶을 때도 소금을 넣는 편이 좋다. 간이 배어 흰자위가 맛있어진다는 장점도 있지만, 달걀은 소금물에 삶지 않으면 삼투압 때문에 물이 달걀 속으로 들어가 부풀게 되고 균열을 일으켜 터질 수 있다. 시금치를 데칠 때도 소금을 넣으면 선명한 녹색이 유지된다. 또한 채소를 무칠 때 소금을 넣으면 채소 세포막의 펙틴이 소금의 성분들과 결합해 세포 사이의 결합력을 높여준다. 그러면 채소가 단단해져 식감을 잃지 않는다.

마찬가지로 생선구이를 할 때 소금을 뿌리면 삼투압이 작용하여 세포 내부의 수분을 끌어내기 때문에, 살이 단단해져 그 뒤에 생선을 구워도 살이 부서지지 않는다. 그러나 생선에 소금을 뿌리고 시간을 너무 두면 생선의 수분뿐만 아니라 맛도 수분에 녹아 빠져버리므로 맛이 없어진다. 따라서 생선은 굽기 30분 정도 전에 소금을 뿌리는 것이 적당하다.

음식은 불과 물의 균형이다. 불은 음식을 단단하게 하고 물은 음식을 부드럽게 한다. 고기도 너무 많이 구우면 단단해져서 맛이 없어지고 수분이 있어야 촉촉함이 유지될 수 있다. 그 수분의 균형을 맞춰주는 게 소금이다. 예전에는 냉장고가 없어서 고기를 먹다 남기면 소금단지에 염장하여 보관하였다. 이렇듯 소금은 음식 보관과 항균에도 굉장히 좋은 요리계의 보석이다.

원하는 맛을 이끌어내는 방법
- 추출

음식에 맛과 향을 내기 위하여 고추, 생강, 허브 등의 향신료를 사용한다. 자연에 존재하는 향신료에서 원하는 맛을 어떻게 추출할 것인가는 요리의 중요한 부분으로, 여기에서 추출은 혼합물에서 물, 알코올, 기름 같은 용매를 사용하여 특정 성분을 뽑아내는 것을 말한다. 예를 들어 매운맛을 낼 때는 보통 마른 고추를 기름 위에 볶은 다음 고추는 건져낸 후 요리에 사용한다. 고추로부터 매운맛을 내는 성분인 캡사이신capsaicin을 추출하는 과정이다. 요리에 와인의 추출물을 사용하기도 하는데 과학의 발전으로 와인에서 원하는 성분만을 분별 추출할 수 있게 되었다.

생선탕이나 찌개를 요리할 때는 보통 육수로 멸치 국물을 사용한다. 멸치, 다시다로 어떻게 국물을 낼까? 물에 멸치를 넣고 끓이면 멸치가 함유하고 있는 많은 물질이 함께 추출되어 국물이 탁해지고 내장에서 뭔가 나와서 맛도 담백하지 않고 복잡하다. 따라서 물을 먼저 끓여야 한다. 물의 온도가 85℃에 이르면 불을 끈 뒤 가다랑어, 멸치, 다시마를 넣고 이것들이 가라앉을 때까지 기다렸다 건져낸다. 그러면 담백한 멸치 국물이 만들어진다. 이처럼 추출할 때는 온도가 매우 중요하다. 한편 후추나 타임(thyme, 요리에 자주 쓰이는 허브 중 하나)은 물을 사용하는 것보다 기름을 사용하여 추출하면 매운맛이 배나 증가한다. 추출 방법에 따라서 추출 성분과 양이 달라지는 것이다. 요리에 숨은 원리를 과학적으로 밝혀내는 이 같은 작업은 다시 새로운 요리의 개발로 이어질 수 있을 것이다.

원하는 맛이 무엇이고 원하지 않는 맛이 무엇인지를 알고 요리할

때, 우리는 더욱 맛있는 요리를 할 수 있다. 예를 들어 수육이나 갈비와 같은 고기를 요리할 때는 일단 물을 붓고 한 번 끓인 다음 버린다. 처음 추출되는 육수를 버리는 이유는 피, 지방 등 여러 성분이 함께 섞여 있어 맛과 향이 복잡하기 때문이다.

차, 커피를 내릴 때도 마찬가지이다. 커피를 내릴 때, 내가 원하는 향과 맛이 어디쯤에 있는지 알아야 한다. 처음에 추출돼서 나오는 커피는 향이 강하고 맛이 쓸 수 있다. 쓰고 진한 커피를 원하지 않으면 다시 추출하면 된다. 더 깊고 부드러운 맛을 가진 커피를 추출할 수 있다. 내가 원하는 향과 맛이 몇 번째 잔에 추출되어 나오는지 알고 내가 원하는 맛을 추출할 줄 아는 것은 요리에 있어서 굉장히 중요한 능력이다.

맛이 퍼지고 우러나다
– 확산

용액에서 분자들은 농도가 높은 쪽에서 낮은 쪽으로 이동한다. 그러다 농도가 균일해지며 평형상태에 도달하는데 이것을 확산diffusion이라고 한다. 냉면에 식초를 몇 방울 넣으면 신맛이 냉면 전체로 퍼지는 현상이나 티백을 물에 넣으면 차가 우러나는 현상이 확산에 속한다. 확산 속도는 시간당 얼마나 넓게 퍼지는가이다. 농

물잔에 와인이 확산되고 있다

물질의 확산현상

도 차가 크고 분자가 작을수록 확산 속도는 빠르다. 용매의 점도에 따라서 확산 속도는 달라진다.

냄비에서 식재료를 오래 끓이면 냄비 안에서는 삼투와 확산이 일어난다. 순수한 물에서는 확산이 잘되니까 문제가 안 되지만, 매질이 순수한 상태가 아니라 젤이나 에멀션 상태이면 확산에 상당한 방해를 받게 된다. 식재료의 구조가 부드러우면 맛 분자의 확산이 더 쉬워 맛이 잘 들지만 식재료가 단단하면 맛 분자 확산이 늦어져서 맛이 드는 데 시간이 걸린다. 그래서 단단한 소의 앞다릿살은 부드러운 닭가슴살에 비해 향미가 안쪽까지 잘 배지 않는다.

이러한 현상으로 보아 같은 재료를 가지고 요리할 때는 재료를 넣는 순서가 매우 중요하다는 것을 알 수 있다. 가령 김치찌개를 할 때

김치에 고기 맛이 들도록 고기와 김치를 충분히 볶아줘야 한다. 그런 후에 물을 넣고 마지막에 양념(양파, 마늘)을 넣어야 단단한 김치에 고기 맛이 충분히 들어 맛있는 김치찌개를 맛볼 수 있다. 시간에 따라 음식에 양념이 배는 정도가 다르기 때문에 조직이 단단하여 양념이 잘 안 배는 것은 먼저 넣고 잘 배는 것은 뒤에 넣어야 요리가 끝났을 때 모든 식재료의 식감이 살아 있게 된다.

물은 흘러내리고 물엿은 끈적거리고
- 점성

점도는 식감에 크게 영향을 준다. 점도는 유체의 흐름이 어느 정도로 잘되는가, 즉 끈적거림의 정도를 표시한다. 컵에 물은 잘 따를 수 있지만 물엿은 잘 따를 수 없다. 물과 물엿은 점도가 다르기 때문이다. 점도가 작으면 잘 흐르고 점도가 크면 잘 흐르지 않는다. 물의 점도가 1이라면 우유는 2, 혈액은 10, 크림은 30, 올리브 오일은 50, 꿀은 2000, 요플레는 2만 5000이다. 탄수화물 같은 음식의 점성을 크게 하는 첨가제가 들어갈 때 음식은 걸쭉해진다(이때 같은 양의 첨가제를 넣더라도 온도에 따라 점도는 달라진다. 높은 온도에서는 묽지만 온도가 내려가면 젤 상태가 되고 더 내려가면 단단히 굳어진다). 미국 음식은 인디언 음식의 영향을 많이 받아서 열매와 씨앗을 많이 사용하여 걸쭉한 편이다.

견과류는 탄수화물이 많아서 점도를 증가시키므로 또 다른 식감을 느끼게 한다. 탕수육 소스가 물처럼 점도가 낮으면 흘러내려서 잘 찍히지가 않을 것이다. 전분을 넣으면 점도가 증가하며 소스가 진해져서 탕수육을 찍었을 때 소스가 잘 접착될 것이다. 음식의 점도는 식감을 느끼는 데 중요한 요소이다.

싱싱한 식재료가 더 맛있는 이유
– 탄성

식감에서 굉장히 중요한 것 중 하나가 탄성이다. 탄성은 고무줄이나 스프링처럼 외부의 힘에 의해 변형된 물체가 힘이 제거되었을 때 원상태로 돌아오는 성질이다. 어렸을 적에는 피부를 누르면 눌린 부위가 바로 다시 올라왔는데, 나이 들고 나서는 한참 있어야 원상태가 된다. 피부 탄성이 작아졌기 때문이다. 음식을 씹을 때 씹히는 느낌을 좌우하는 탄성은 식감에서 중요하다. 육류의 탄성을 결정하는 것들에는 근육의 주성분인 액틴, 콜라겐, 튜불린tubulin 등이 있다.

탄성 때문에 사람들은 생선회, 신선한 채소를 좋아한다. 살아 있는 싱싱한 식재료를 좋아한다. 사람들은 더 식감이 있는, 탄력이 있

는 생선을 먹으려고 자연산을 찾는다. 자연에서 많이 움직인 생선의 육질은 양식하고 다를 것이다. 바닷물이 차가워지면 물고기는 추위로부터 자신을 보호하기 위하여 몸에 지방을 축적한다. 근육도 단단해진다. 찬바람 불 때가 되면 생선은 기름기도 많아지고 탄력도 좋아져서 씹었을 때 치아가 느끼는 탄성 질감이 달라진다. 채소 또한 신선하게 먹으려면 가열하여 물러진 것보다는 차게 보관하여 각각의 식감이 살아 있는 것이 좋다.

식감에 변화를 주다
- 가소성과 질감

고체가 힘을 받아 형태가 바뀐 뒤에, 가했던 힘을 제거해도 본 모양으로 돌아가지 않는 성질을 가소성 plasticity이라 한다. 이때 물체에 가소성이 나타나려면 탄성한계를 넘어서는 크기의 힘이 가해져야 한다. 탄성을 생선회의 쫄깃함으로 표현한다면 가소성은 콘플레이크의 바싹함으로 표현할 수 있을 것이다.

식감을 지배하는 것은 질감이다. 같은 생선을 생태로, 얼려서 동태로, 말려서 명태로 먹는가 하면, 구워서도 먹고 탕으로도 먹는다. 같은 생선인데 어떻게 먹느냐에 따라 다른 질감, 육질을 가지게 된다. 멸치 역시 갓 잡은 것은 회로 부드럽게 먹기고 하고, 또 물에 데쳐 적당한 시간을 말린 후에 밖은 꼬들거리고 안은 굉장히 부드러운 상태로 먹기도 한다.

　입맛은 미각으로 느끼는 맛에 더하여 점성, 탄성, 유연성, 부드러움, 단단함, 응집성, 부착성과 같은 역학적 특성과 입자의 크기, 형태 기하학적인 특성이 어우러져 만든다. 그래서 음식은 목 넘김의 느낌이 중요하다. 물을 마시는 것과 수프를 먹는 것은 목 넘김이 전혀 다르다. 식재료의 점도, 경도, 탄성에 따라서 우리의 느낌이, 입맛이 달라진다. 같은 재료라도 어떤 상태로 만들어 먹느냐, 무엇을 곁들여 먹느냐에 따라서 음식은 전혀 다른 질감과 식감을 가져온다. 그리고 이런 것이, 인생의 가장 큰 행복인 먹는 즐거움이 아닐까 한다.

3장

부엌에서 화학을 배우다

요리와 향

 우리는 부엌에서 불을 사용하여 새로운 요리를 한다. 마치 실험실에서 비커에 든 무엇인가를 가열하여 새로운 생성물을 합성하는 것과 같은 작업이다. 부엌에는 소금, 식초, 가성소다 등 실험실에서 쉽게 볼 수 있는 화학약품들이 진열되어 있다. 이것들은 열이나 산도, 염도에 의한 화학반응에 영향을 주어 반응물을 변하게 하고, 색다른 향과 색을 가진 새로운 물질을 합성한다. 이러한 다양한 화학반응들을 이해하면 요리에서 어떻게 새로운 풍미와 맛이 만들어지는가를 이해할 수 있다.

 열은 요리에서 가장 기본이 되는 수단이다. 물질에 열을 가하면 열에너지에 의해 물질들이 움직이고, 움직인 물질들이 서로 충돌하며, 충돌하는 에너지에 의해 결국 다른 물질로 변한다. 새로운 물질을 만들게 되는 것이다. 이것이 요리에서의 화학반응이다. 온도가 올라가면 올라갈수록 반응은 많이 일어난다. 물로 100℃에서 가열할 때에는 한두 개의 반응만 일어나던 것이 180℃가 넘으면 몇백 개의 반응으로 확대된다. 예를 들어 고기를 구울 때도 높은 열을 가할수록 여러 화학반응에 의해 향을 내는 물질들이 더 많이 합성된다(하지만 이 과정에서 좋은 향뿐만 아니라 발암물질도 합성될 수 있다). 커피도 180℃

가 넘는 온도에서 로스팅하면 고소한 냄새가 나는데, 이것 역시 화학반응으로 생겨나는 새로운 생성물 때문이다.

요리에 향을 더하는
화학반응들

화학반응이란 무엇인가? 반응물을 넣고 열을 가하면 어떠한 일이 일어나는가? 반응분자는 열에너지를 받으면 활성화되고, 움직이기 시작하면서 가까이 있는 분자와 충돌하게 된다. 모든 분자가 같은 에너지로 충돌하지는 않는다. 그러나 그중 큰 에너지로 충돌한 분자들이 있으면 그 분자들은 충돌 에너지를 이용하여 새롭게 안정된 분자인 생성물을 만든다. 이것이 충돌이론collision theory이다. 낮은 온도에서는 반응물이 적게 만들어지지만 높은 온도에서는 다양한 물질들이 더 많이 만들어지는 현상과 관련이 있다.

요리는 화학반응이다. 앞서 설명한 것은 열반응이지만 요리를 할 때에는 열에 의한 화학반응 외에 효소에 의한 효소반응도 일어난다. 효소반응은 세포에서 서로 다른 조직에 있던 효소와 그 기질substrate, 효소의 적용을 받아 화학반응을 일으키는 물질이 결합하며 시작된다. 한 예로 칼질을 하다 보면 기계적인 힘에 의해 세포막이 파괴되는데, 이때 효소와 기질이 반응하여 새로운 물질을 만들어낸다. 요리의 또 다른 색과

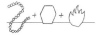

향이 만들어지는 것이다. 그러므로 미리 식재료를 손질하거나 믹서로 갈아놓으면 자칫 우리가 원하지 않는 이상한 색과 향을 가진 물질들이 생길 수 있기 때문에 주의해야 한다.

어른들이 하는 말로 마늘을 사용할 때는 갈아 쓰지 말고 칼등으로 탁 쳐서 으깨서 쓰라는 말이 있다. 과학적으로 꽤 일리가 있는 말이다. 마늘이나 양파를 믹서로 갈면 세포 조직이 파괴되어 효소와 기질물질이 반응을 시작하기 때문이다. 다시 말해 마늘에 있는 효소 아닐네이즈anillase가 기질물질인 아닐린anillin과 반응하여 노란색의 퀴퀴한 냄새를 풍기는 알리신allicin을 만든다. 따라서 마늘은 통째로 가지고 있다가 요리하기 직전에 까서 사용해야 마늘이 가지고 있는 향을 그대로 느낄 수 있다.

양념을 미리 섞어놓으면 시간이 갈수록 그 안에서 많은 효소반응이 일어나 맛이 변하므로 피해야 한다. 모든 식재료들은 요리하기 바로 전에 준비해야 한다. 마늘, 양파를 전자레인지에 살짝만 익혀도 덜 냄새 나고 눈물이 많이 나지 않는 이유는 열에 약한 효소 아닐네이즈가 열에 의해 파괴되었기 때문이다. 마찬가지로 부추도 마늘이나 양파처럼 잘랐을 때 훨씬 더 강한 냄새를 풍긴다. 자연 상태일 때보다 조직 파괴가 심해 효소반응이 강하게 일어나기 때문이다.

고기를 재울 때는 연육제(고기를 연하게 만들기 위해 쓰는 첨가제)로 파인애플이나 키위를 사용한다. 파인애플에 들어 있는 브로멜라인

bromelain과 키위에 들어 있는 악티니딘actinidine이라는 단백질 분해효소가 고기의 단백질을 분해하여 소화하기 쉬운 작은 단백질로 만들어주어 고기를 연하게 하고 소화되기 쉬운 상태로 만들어준다.

밀가루에 물을 넣으면 밀가루 안에 있던 효소들이 활성화되어 효소반응이 일어난다. 이것을 숙성이라고 한다. 효소는 식재료의 단백질과 탄수화물을 작은 분자로 적당히 분해시켜 새로운 식감과 향을 생성한다. 밀가루를 물에 넣고 반죽할 때 얻을 수 있는 단백질 글루텐gluten은 스스로 단백질 분해작용을 거쳐 빵을 부풀게 한다. 이때 밀가루에 있는 단백질 분해효소는 밀가루 반죽을 더욱 단단하고 부피감 있게 키워주며, 특유의 향을 더해준다.

오토리즈autolyse는 향이 좋은 효모 빵을 만들 때 나타나는 반응인데, 스스로 분해한다는 뜻이다. 천연 발효 빵을 만들 때 쓰는 발효법으로 많이 알려져 있다. 오토리즈를 할 때에는 밀가루하고 물을 섞어서 20분간 자연발효를 시킨 후에 소금, 베이킹 소다를 넣어야 한다. 만약 처음부터 베이킹 소다를 넣으면 pH가 처음부터 중성이 되어 효소반응이 일어나지 않는다.

지금까지 요리에서 일어나는 화학반응 중 효소반응의 여러 예들을 알아봤다. 그렇다면 이번에는 열반응이 화학반응에 미치는 효과가 무엇인지 다시 한번 구체적으로 살펴보자. 높은 온도에서는 생성물이 많이, 다양하게 생긴다고 앞에서 잠깐 언급했다. 이는 온도가

높을수록 더 많은 분자가 반응할 수 있는 에너지를 갖게 되기 때문
이다.

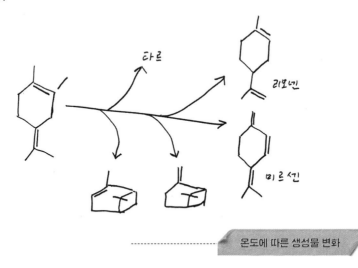

온도에 따른 생성물 변화

예를 들어 테르피놀렌terpinolene으로부터 오렌지나 레몬의 껍질에
많이 함유되어 있는 리모넨limonene을 합성하는 데 40℃에서 1시간
동안 반응을 시켰다고 해보자. 이때 리모넨은 94%, 미르센myrcene은
2%가 생성된다. 이에 비해 같은 재료를 80℃에서 2시간 반응을 시
키면 전혀 다른 생성물이 다른 비율로 합성된다. 2시간 반응시키면
앞에선 94% 생겼던 리모넨은 9%로 감소하고 미르센이 72%로 증
가하며, 새로운 검정 타르tar가 17% 생성된다. 온도와 반응시간을
달리 했을 뿐인데 생성물의 수가 달라진 것이다. 이 원리는 부엌에

서도 마찬가지로 적용된다. 일반적으로 주로 사용되는 가열 온도인 150℃에서 화학반응을 시키면 수백 가지의 다른 향과 색, 맛을 내는 물질이 합성된다.

화학반응에서 가열하는 시간과 온도가 중요하듯이 마찬가지로 요리에서 요리하는 온도와 시간은 굉장히 중요하다. 건강과 식재료라는 측면에서 보면 음식은 가열하지 않는 것이 좋다. 가열을 하게 되면 식재료 본연의 맛이 변하고 영양소가 파괴되기 때문이다. 따라서 우유를 저온살균하면 영양소가 파괴되지 않듯이 수비드 요리처럼 저온에서 하는 중탕요리는 건강요리가 될 수 있다. 그 예로 고기를 200℃가 넘는 온도에서 튀기고 구워 먹는 것보다 더 건강한 요리는 수육이다. 물에서 요리하면 100℃를 넘지 않아 요리하는 중에 만들어지는 수많은 물질을 피할 수 있다. 높은 온도에서 요리하면서 새롭게 만들어지는 물질들이 우리에게 좋은 효과, 즉 좋은 향, 좋은 색, 좋은 맛을 줄 수는 있다. 하지만 다른 면에서 보면 그런 물질들이 발암물질과 같이 해로운 물질일 수도 있다.

우리는 음식이 맛있다는 표현을 풍미가 있다고 표현한다. 풍미란 우리가 입에서 느끼는 맛과 향을 아우르는 표현이다. 일반적으로 사람이 느끼는 맛에는 단순하게 쓴맛, 신맛, 짠맛, 단맛, 감칠맛 정도가 있지만 향은 보통 300여 가지 이상을 느낄 수 있다. 후각은 미각보다 훨씬 더 광범위하고 예민하며 쉽게 유혹된다. 갓 구운 빵, 커피, 구이에서는 구수하고 맛있는 향이 난다. 빵, 커피, 고기는 보통 150℃ 이상의 고온에서 조리하는데, 가열 온도가 150℃ 이상이 되면 수백 가지 이상의 반응이 일어나며 그중에 휘발성이 있는 물질들이 만들어져 우리 후각세포를 자극하기 때문이다.

요리에서 향을 만드는 화학반응 중 대표적인 것으로 마이야르 반응Maillard reaction이라는 것이 있다. 1912년 프랑스 화학자 마이야르에 의해 발표되고 1953년 미국 호지Hodge에 의해 재조명되었다. 마이야르 반응은 높은 온도, 낮은 습도, 높은 pH에서 당과 단백질이 반응하여 향을 만드는 반응으로, 색도 갈색으로 변하므로 갈변반응 browning reaction이라고도 한다. 마이야르 반응에서 당과 단백질의 아미노산이 만나 반응하면 여러 반응 단계를 거쳐서 수많은 물질을 만들어낸다. 온도가 올라가면 생성물은 더 많아진다. 이 반응은 요리에서 가장 중요한 반응이므로 꼭 알아두어야 한다. 한편 당이 단백질 없이 고온에서 캐러멜처럼 되는 반응은 캐러멜 반응caramelization 이라고 한다.

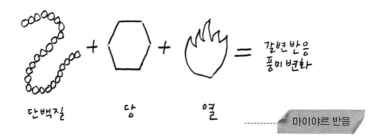

요리의 풍미를 높이는
몇 가지 방법

요리에서 느끼는 향에는 두 가지가 있다. 하나는 식재료가 원래 가지고 있는 향이며 다른 하나는 요리 과정에서 만들어지는 향이다. 와인으로 말하면 원래 포도가 가지고 있는 테루아terroir의 향이 있고 와인 제조 과정에서 만들어지는 향이 있다. 본연의 향을 아로마aroma 향이라 하고 제조 과정의 향을 부케bouquet 향이라고 한다. 아로마 향은 어떠한 향을 내는 분자가 함유되어 있는지가 결정한다.

고기를 구울 때, 참나무 장작으로 구우면 고기가 더 맛있다. 참나무 향이 고기로 들어가기 때문이다. 참나무의 성분인 리그닌lignin이

옹기 속의 연기에 의해
훈제되는 과정

열분해를 하면서 생기는 향이 훈제 향인 것이다. 이때의 향은 온도에 따라서도 달라지는데, 낮은 온도에서는 카보닐carbonyl을 가지고 있는 향이 만들어지고 높은 온도에서는 페놀phenol 등을 가지고 있는 향이 만들어진다. 직화요리를 하거나 숯불로 요리했을 때 음식이 더 맛있는 이유는 향이 고기에 배어 풍미를 더하기 때문이다.

우리는 원하는 향을 기구를 사용해서도 만들 수 있다. 한 예로 스모킹건smoking gun이라고 하는 기구가 있다. 각각의 다른 향을 가지고 있는 나뭇가루를 넣고 태운 뒤, 그렇게 만들어진 향을 음식에 입혀 훈제하는 기구이다. 좋은 참나무, 향나무 향을 식재료에 흡입시켜서 요리를 하면 우리가 원하는 더 좋은 풍미를 낼 수 있다.

향은 소금과 밀접히 연관되어 있다. 식재료의 향을 가진 분자는 대부분 세포벽에 붙어 있는데, 소금을 사용하면 세포벽에 있는 향 분자가 밖으로 빠져나오면서 향이 난다. 또한 온도가 높아져도 향은 진해진다. 커피를 에스프레소로 내려서 바로 마시면 향이 굉장히 좋은데 그것을 차갑게 해서 마시면 향이 사라진다. 와인 같은 경우도, 향이 별로 없는 화이트 와인은 차게 마셔도 되지만 입 안에서 묵직한 중량감을 주는 풀 보디full bodied wine 레드 와인은 온도가 어느 정도 높아야 피어나오는 향을 느낄 수 있다. 향은 휘발성이라 온도가 올라가야 공중에 잘 퍼져나가게 되는 것이다.

향을 만드는 물질들은 거의 다 물에 잘 녹지 않는다. 요리주

cooking wine를 사용하면 요리주의 알코올 성분이 향을 많이 녹일 수 있어서 다채로운 향을 낼 수 있다. 외국 사람들은 요리를 할 때 와인을 굉장히 많이 사용한다. 대개 사용하는 와인은 화이트 와인으로 해물 요리에 많이 사용한다. 레드 와인은 색이 있어서 음식의 색을 변하게 하고, 향이 진하여 오히려 식재료의 향을 지울 수 있어 별로 사용하지 않는다. 물론 토끼나 닭요리에는 가끔 사용한다. 일본에서는 고급 사케sake로 만든 요리주가 많이 사용된다.

스파게티와 같은 외국 요리들을 보면 요리의 끝부분에 가서 센 불에 와인으로 마무리한다. 그러면 와인이 이상한 냄새들은 가지고 날아감과 동시에 와인의 좋은 향들은 음식에 그대로 배어 맛있는 요리를 만들 수 있다. 요리에 와인을 많이 사용하면 풍미 있는 음식들을 만들 수 있다.

산도가 높은 요리로
입맛을 돋우다

자연의 생명체는 대사metabolism, 생체 내에서 일어나는 화학반응의 총칭에 의해 생명을 유지한다. 이때 모든 대사를 주관하는 물질이 효소이다. 효소는 아미노산으로 이루어진 단백질로 모든 필요한 물질을 생합성하고 생분해한다. 효소는 단백질이므로 열

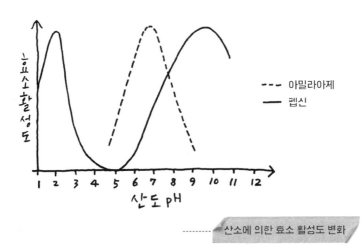

효소 활성도

- - - 아밀라아제
── 펩신

산도 pH

산소에 의한 효소 활성도 변화

과 산도에 의해 쉽게 변성된다. 우리의 인체에는 3000여 종의 효소가 있으며 각각의 효소는 최적의 산도에서 활성화된다. 입 안 침에 있는 아밀라아제amylase는 산도 7, 위액의 펩신pepsin은 산도2에서 최적의 활성도를 가진다. 단백질 구조는 산도에 민감하며 식재료의 식감을 변화시킨다.

요리에서 사용되는 식재료의 산도는 전부 다르다. 산도는 수소이온H의 농도이다. 레몬주스 2.2, 식초 3, 오렌지주스 3.7, 맥주 4.5, 우유 6.5, 증류수 7, 바닷물 8, 베이킹 소다는 8.2의 산도를 가진다. 식초는 주방에서 요리할 때 소금만큼 많이 사용한다. 주방 양념통에 설탕은 없어도 식초, 소금은 반드시 구비되어 있다. 음식에 식초를 넣으면 청량감이 든다. 그래서 피클이나 양파를 절일 때 식초를 사용한다.

마치 와인에 산도가 있으면 상큼한 맛을 내듯이 신맛은 입맛을 돋우고 다른 맛과 합해져 조화로운 맛을 낸다. 주방에서 사용하는 식초에는 곡식의 맥아식초, 현미식초에서부터 과일로 만든 감식초, 사과식초, 발사믹식초 등 많이 있다. 감식초, 현미식초처럼 산도가 약하면 음식에 넣는 식초의 양이 많아진다. 그러면 다른 양념이 희석되어 맛이 약해질 수 있으므로 빙초산처럼 산도가 높은 진한 식초를 사용해도 좋다. 레몬주스는 산도가 아주 높아 비린내를 잘 잡아주기 때문에 생선 요리에 많이 사용한다.

요리와 색

음식의 색에는 식재료 본연의 색과 요리 중에 나타나는 색이 있다. 요리에서 색은 식재료의 신선도뿐만 아니라 요리의 상태를 결정하는 데 중요한 역할을 한다. 우리는 눈으로, 시각으로 요리한다. 또한 눈으로 처음 음식을 맛보기 때문에, 같은 음식이라도 색이 죽은 음식과 색이 살아 있는 음식에 뇌는 다르게 반응한다. 색은 음식을 볼 때 우리의 감각을 자극하는 데 굉장히 빠르고 강력하게 작용한다. 시신경은 인간의 감각 중에서 발생학적으로 가장 늦게, 가장 잘 발달한 감각으로 많은 것을 인지하기 때문이다.

요리의 맛을 결정하는 것은 후각이지만 후각보다 먼저 느끼는 것은 시각이다. 와인도 잔에 따르고 나서 먼저 눈으로 와인의 색을 보고 다음에는 코로 향을 맡고 그다음에 입으로 먹는다. 와인의 색을 보면 와인 숙성 연도와 보관 상태를 어느 정도 알 수 있듯이 음식의 색을 보면 그 요리에 대하여 많은 것을 알 수 있다. 요리에서 음식의 조화된 색은 상당히 중요하다. 특히 다양한 색을 가지고 있는 채소를 요리할 때에는 색의 조합에 더욱 신경써야 한다. 시금치, 석류, 토마토, 블루베리, 브로콜리 등의 채소에는 각각 독특한 고유의 색이 있다. 색이 다채로운 식재료에는 베타카로틴beta carotene, 클로로필

chlorophyll, 폴리페놀polyphenol과 같은 항산화제가 많이 포함되어 있어 건강에 도움이 되므로, 식재료의 본래의 색을 유지하며 그 본연의 색에 따라 요리를 하는 것은 중요하다. 한때는 당근과 같이 카로티노이드carotenoid를 많이 함유한 식재료들을 선호했다. 요즘은 가지같이 안토시아닌anthocyanin을 함유한 보라색 식재료들을 많이 먹는다. 색소는 산도에 민감한데 그중에서도 가지에 많이 함유된 안토시아닌이 산도에 특히 민감하여 산도 7보다 낮은 산성에서는 선명한 붉은색을 띠고 산도 7보다 높은 염기성에서는 진한 청색을 띤다.

요리의 색을 변화시키는 화학반응

요리 중에 나타나는 색은 요리의 '향'과 마찬가지로 열에 의한 화학반응으로 나타날 수도 있고 효소반응에 의해 나타날 수도 있다. 빵, 커피, 고기를 구울 때 나타나는 색은 열에 의해 화학적으로 만들어지는 색이다. 이 반응은 앞에서 언급했듯 마이야르 반응 혹은 갈변반응이라고 한다. 스테이크도 이 반응을 거쳐 약간 노릇노릇해져야 더 맛있어 보인다.

스테이크는 근육 단백질인 미오신이 주성분인데 이것은 열에 의해서 변성된다. 불이 닿으면 단단해지고, 미오신에 결합되어 있는 산

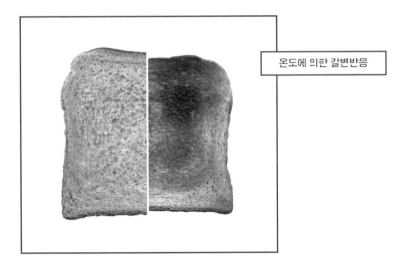

온도에 의한 갈변반응

소가 산화돼서 검은색으로 변한다. 근육에는 산소를 공급하는 미오글로빈myoglobin 단백질이 존재하는데, 그 자체는 약간 어두운 자주색을 띠지만 산소와 결합하면 선홍색을 띠는 옥시미오글로빈 oxymyoglobin으로 변한다. 이것이 공기 중에 노출되면 더 산화하여 메트미오글로빈metmyoglobin으로 변하여 갈색이 된다. 산화되는 정도에 따라서, 고기를 어떻게 굽느냐에 따라서 고기의 색은 달라진다. 고기는 약간 핏기가 남아 붉은색을 띨 때 식욕을 더 돋운다.

이 같은 원리 아래 스테이크의 색과 식감은 가열 온도와 시간에 따라서 달라진다. 스테이크 굽기 정도는 문화마다 차이가 있지만 익힌 정도에 따라서 크게 블루, 레어, 미디엄, 웰던으로 구별되는데(덜 익힌 순으로), 가열을 많이 할수록 수분이 없어져서 단단해지고 색도 검어지게 된다.

깎아놓은 사과는 왜 노래질까
– 효소와 갈변반응

음식의 색을 만들어내는 요인 중 한 가지는 효소반응이라고 앞에서 이야기했다. 마늘에서 효소반응에 의해 악취가 나듯이 효소반응에 의해 색도 나타난다. 사과를 깎아놓으면 얼마 지나지 않아 노랗게 되고 바나나는 상온에 오래 두면 검게 변한다. 이것은 효소반응 때문이다. 사과 안에 있는 페놀은 페놀라아제phenolase라는 효소에 의해서 갈색인 멜라닌melanin을 만들어내 사과를 갈색으로 변하게 한다. 자르지 않은 사과에서는 페놀과 페놀라아제가 각각 다른 조직에 있어 서로 반응할 일이 없지만, 사과를 자르게 되면 조직이 파괴되면서 효소와 기질물질이 서로 섞여 반응하게 되어 갈색인 멜라닌을 생합성하는 것이다. 멜라닌은 산화를 방지하는 항산화 성질을 가지고 있어서 음식의 보존성을 높여준다. 멜라닌에 의한 이 같은 갈변현상은 사과뿐만 아니라 배, 바나나에서도 볼 수 있다. 우리 피부도 햇볕을 많이 쬔다든지 어떤 약을 잘못 바른다든지 하면 티로신tyrosin으로부터 멜라닌이 생합성되어 피부가 검게 된다.

그렇다면 어떻게 해야 사과의 갈변현상을 방지할 수 있을까? 사과를 깎아서 소금물에 재워놓거나 그냥 물속에 넣어놓기만 해도 효소 반응이 일어나지 않아 색이 갈색으로 변하는 것을 막을 수 있다.

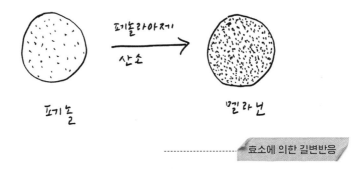

효소에 의한 길변반응

식재료, 색에 따라
효능이 다르다

식재료를 색깔로 한번 살펴보자. 흰색은 베타글루칸beta-glucan, 플라보노이드flavenoid 성분이 있어서 면역계 이뇨에 좋고, 노란색은 카로티노이드, 루테인lutein 성분이 있어 피부에 탄력을 주고 뼈를 단단히 한다. 빨간색은 리코펜lycopene, 엘라그산ellagic acid 성분이 있어 혈압, 콜레스테롤을 낮춰 심장에 좋고, 초록색은 클로로필, 지산틴zeaxanthin 성분이 있어 간의 정화작용과 해독에 좋다. 주황색은 베타카로틴 성분이 있어 위와 해독작용에 좋고, 보라색은 안토시아닌, 페놀 성분이 있어 시력과 노화 방지에 좋다고 알려져 있다.

동양 음식은 오방색이다. 동양은 자연의 이치를 오계로 보기 때문에 우리 몸을 오장육부, 즉 신장·심장·간장·비장·폐장의 오장으로 나눈다. 맛도 짠맛·쓴맛·신맛·단맛·매운맛으로 나눈다. 인간의 기본 덕목을 인仁·의義·예禮·지智·신信으로 보며 음도 오음계로 나누고 무지개도 오색으로 나눈다. 비빔밥을 해도 오색을 써서 만든다. 옛사람들은 음식에 나타난 색을 세상의 조화라고 생각했다. 음식에서 색이 꼭 맛의 척도가 되는 것은 아니다. 하지만 보기 좋은 것이 맛도 좋다는 말도 있듯이, 색은 오감의 한 부분으로 작용하기 때문에 음식을 먹는 데 있어서 중요한 요소인 것이다. 음식은 보암직하고 먹음직해야 한다.

4장

부엌에서 생리학을 배우다

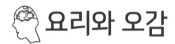 요리와 오감

당신은 무엇으로 음식을 먹는가? 가장 보편적으로 우리는 입으로, 미각을 사용해 먹는다고 대답할 것이다. 조금 더 맛 수용체receptor를 공부한 경험이 있는 사람이라면 코로 먹는다고 말할 수도 있다. 미각에는 쓴맛·신맛·단맛·짠맛·감칠맛 등 크게 다섯 가지의 감각이 있지만, 우리의 후각은 수백 가지의 향을 구별할 수 있기 때문이다. 코를 막고 음식을 먹으면 음식의 맛을 느낄 수 없다는 점에서도 후각이 음식을 맛보는 데 얼마나 중요한 요소인지 확인할 수 있다.

한편 뇌에 대한 지식을 가지고 있는 사람은 음식은 뇌로 먹는다고 말할 것이다. 이 표현은 가장 과학적이다. 음식을 먹을 때 반응하는 모든 오감들은 뇌로 모이고, 뇌는 그 음식이 가져다주는 기억, 추억까지 변연계를 통해 종합해서 총체적으로 음식의 맛을 느끼게 해준다. 따라서 같은 음식을 먹어도 각각 사람들마다 느끼는 맛의 정도나 감정은 다를 수 있다. 어떤 음식에 대하여 좋은 경험을 가지고 있다면, 그래서 그 음식을 행복하게 음미할 수 있다면 주관적으로 그 음식은 맛있는 음식이 된다. 이처럼 맛의 기준은 모두 다르기 때문에 객관화하거나 수치화할 수 없으며, 자신의 맛의 기준을 상대방에게 요구하는 것은 매우 권위적인 행동이 될 수 있다.

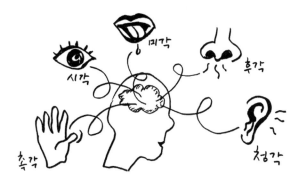

　음식의 맛을 느끼는 일은 미각세포가 관여하는 뇌생물학의 영역
이다. 맛을 결정하는 요소는 그 사람의 유전자와 맛을 느끼는 수용
체의 민감성sensibility에 있다. 사람마다 그 정도는 조금씩 다르다. 같
은 양의 소금을 두고서도 어떤 사람은 짠맛을 더 느끼고, 어떤 사람
은 덜 느낄 수 있다. 다만 일반적으로 나이가 들면 음식을 짜게 먹는
경향이 생기는데, 이는 짠 것을 느끼는 세포가 죽어서 그 수가 줄어
들기 때문이다. 결국 짠맛을 느끼는 일이 어려워지다 보니 갈수록 더
많은 소금을 필요로 하게 되는 것이다.

　사람마다 맛을 느끼는 수용체의 민감성이 다르고 맛을 인지하는
미식 세포의 수도 다르다. 그러니 어찌 같은 맛을 느낄 수 있겠는가?
우리는 음식을 이해하기 위하여 최종적으로 맛을 결정하는 미각생리
학을 이해할 필요가 있다.

유전학, 세포생물학, 생리학, 뇌과학의 최신 연구들은 인간이 어떻게 음식의 향과 맛을 느끼는지 그 메커니즘을 밝혀주었다. 뒤에서 구체적으로 다루겠지만, 같은 음식을 먹어도 어떠한 환경에서, 누구와 먹는지가 음식 맛에 상당한 영향을 준다는 것이 그 대표적인 예다. 그저 에너지를 보충하기 위해 억지로 먹는 음식과 미식세포들이 활발하게 활성화되었을 때 먹는 음식의 맛이 같을 수가 없다.

앞에서 음식은 눈으로, 입으로, 코로, 뇌로 먹는다고 이야기했다. 즉 음식은 오감으로 먹는다. 따라서 요리의 풍미, 식감, 형태, 색, 온도 등 음식 자체가 지니고 있는 특성이 요리의 맛을 결정하는 요인이 된다. 이에 더해 요리를 먹는 사람의 식성과 취향, 배고픈 정도와 같은 개인의 생리적인 요인들이 사람의 기억, 즉 뇌의 심리적인 요소들과 함께 맛을 결정한다.

누구에겐 고약하고 누구에겐 고소하고 - 풍미

풍미는 맛과 향을 아우르는 말이다. 음식의 풍미를 느끼기 위해서는 입으로 먹어서 맛을 느끼고 코로 음식의 향을 맡아야 한다. 풍미를 느끼는 것은 이처럼 복합적인 작업이다.

하나의 요리에는 서로 다른 향과 맛을 가진 많은 음식 재료들이 섞여 있다. 우리가 즐겨 마시는 커피 원두에만도 풍미에 관련된 물질이 800여 가지나 존재한다. 커피의 풍미는 커피콩의 품종과 재배지역에 따라서 무척 다양하다. 풍미는 개인적 취향일 뿐 아니라 지역의 풍습과도 관련이 있다. 진한 진흙 향을 가지고 있어 우리에게는 고약한 프랑스 알자스 뮝스테르Munster 치즈가 프랑스 사람들에게는 향기로운 풍미를 느끼는 음식이 되고, 우리한테 굉장히 익숙한 청국장, 김치 냄새가 서양 사람들에게는 지독한 악취가 될 수 있다. 어떤 지역, 문화에서 익숙해져 있는 풍미가 다른 사람들에게는 좋지 않은 향과 맛으로 다가갈 수 있다. 그래서 음식을 먹을 때, 음식에 대해서 너무 비평하면서 먹는 것은 좋은 식탁문화가 아니다.

풍미는 사람들 각각의 유전자와 관련이 있다. 보통 사람들은 1000가지의 향을 구분할 수 있지만 어떤 사람들은 태어날 때부터 후각세포가 조금밖에 없어서 냄새를 잘 맡지 못할 수도 있다. 한편 후각세포 자체는 매우 민감해서 진한 냄새에 쉽게 마비될 수 있다. 우리는 음식의 맛을 이해하기 위하여 유전학, 세포생물학, 생리학, 심리학, 신경과학, 뇌과학을 종합적으로 이해할 필요가 있다. 풍미는 개인에게 있어 주관적이면서도 맛을 인지하게 하는 종합적인 결과물이기 때문이다.

생선 요리에 생강을 곁들이는 이유
- 후각

후각은 오감 중에서 가장 감도가 높고 예민하며 기억력이 좋은 감각으로, 맛에 절대적으로 영향을 미친다. 향은 코 점막의 후각 수용체에서 바로 뇌로 들어가기 때문이다. 인간은 음식을 입에 넣기 전에 먹어도 되는지 향으로 미리 판단하므로, 몸을 보호하기 위해서라도 후각은 예민해야 한다. 음식의 맛을 잘 느끼지 못하는 사람들의 경우 미각이 아닌 후각에 문제가 있는 일이 많다.

코를 막고 음식을 먹으면 무슨 맛인지 잘 모른다. 그래서 음식은 혀로 먹는 것이 아니고 코로 먹는다는 설명이 과학적으로 설득력을 갖는다. 공기 중에 떠다니는 향기분자는 후각세포에 포착되어 후각신경을 타고 뇌에 전달되는데, 이때 약 390종의 다양한 후각 수용체가 향기분자와 결합하여 향기를 식별하게 해준다. 한편 후각에 관여하는 인간의 유전자는 1~2%로 면역체계에 관여하는 유전자와 비슷한 수치를 보인다. 또한 후각은 우리의 오감 중 감정에 제일 큰 영향을 주는 감각으로, 감정을 치료할 때 향 치료aroma therapy와 같은 방법을 쓰기도 한다.

우리는 음식의 향을 두 가지 경로를 통하여 맡는다. 하나는 코의 앞쪽 비강을 통한 것으로 전비강성 후각orthonasal olfaction이라 하고,

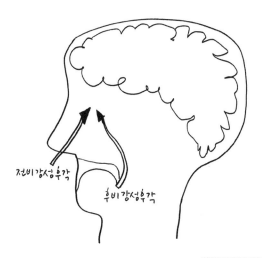

전비강성후각

후비강성후각

후각을 느끼는 두 경로

다른 하나는 구강과 코의 뒤쪽에 위치한 비강을 통한 것으로 후비강
성 후각retronasal olfaction이라고 한다. 전비강성 후각은 주로 향수와
같은 외부의 냄새를 감지하고, 후비강성 후각은 음식을 씹는 과정에
서 식재료 안에 있던 휘발성 향 분자가 수용체를 통해 뇌에 전달되면
서 냄새를 감지한다.

후각과 뇌의 관계를 바탕으로, 생선 요리에 생강을 넣는 이유를
설명할 수도 있다. 우리의 뇌는 생강이 지닌 향을 생선 비린내 성분인
아민amine보다 더 강하게 받아들인다. 그래서 생선만 먹을 때보다 생
강을 곁들인 생선 요리를 먹을 때 비린내를 덜 느끼게 되는 것이다.

이 원리와 마찬가지로, 여러 향신료들은 다른 음식이 지닌 고유의 향 자체를 없애는 것이 아니라 단지 뇌에서 그 향을 느끼지 못하도록 하는 작용을 한다.

음식의 향을 맡으면 향 분자는 뇌로 전달되어 그 향과 같은 패턴을 가지고 있는 이미지를 찾아온다. 사과 냄새를 맡으면 사과를 떠올리고, 바나나 냄새를 맡으면 바나나를 떠올리는 것은 그 때문이다. 또 우리가 음식의 향을 맡으면 전두피질에 있는 뉴런은 즐거웠던 기억이나 추억을 향에 결합시켜 지각하게 한다. 이런 이유로 후각이 시각이나 청각보다 감정에 더 강한 영향을 준다고 말할 수 있다. 사람들은 요리를 맛보기 전에 요리의 향만으로도 감동을 받거나 만족감을 느낄 수 있다.

쫄깃한지 바삭한지 끈적거리는지
– 입맛

입맛mouthfeel이란 풍미에 더하여 단단함, 부드러움, 끈적거림, 파삭거림, 미끈거림과 같은 느낌을 입으로 느끼는 것을 의미한다. 같은 음식이라도 튀겨먹는 것, 그냥 생으로 먹는 것, 쪄서 먹는 것은 완전히 다른 식감을 준다. 우리는 그때그때 입맛에 따라 밥을 때로는 끓여서 죽으로 먹고, 또 어떤 때에는 눌려서 누룽지로 파

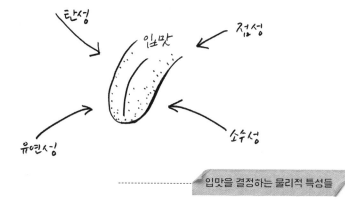

삭하게 만들어 먹는다. 같은 쌀이지만 어떻게 요리하느냐에 따라서 식감은 완전히 달라진다. 입맛은 단지 미각이나 후각적인 것 그 이상으로 식감까지 포함하는 개념으로 음식을 맛보는 일에 있어 매우 중요하다.

요리를 잘하는 사람들은 식재료들의 식감을 최대한 살리기 위해 식재료의 탄성과 가소성이 적절하게 균형 잡혀 있도록 요리한다. 앞에서 이야기했듯 탄성은 스프링처럼 한번 변형되었다가 다시 원위치로 돌아오려는 물성을 말하고, 가소성은 한번 변하면 다시 원래대로 돌아올 수 없는 성질을 의미한다. 이러한 물성이 균형을 잡으면 새로운 식감과 입맛을 만들어낸다.

미역, 아보카도, 무화과, 굴 등은 우리에게 익숙하지 않은 독특한 식감이다. 크림처럼 부드럽고 미끌미끌하지만 각각 조금씩 다른 식감을 지녔다. 무화과는 한국에서는 별로 나지 않았었는데 요즘에는 해남에서 많이 재배되고 있다. 프랑스 사람들은 무화과의 식감을 즐겨 샐러드에 넣어 먹길 좋아한다. 아보카도는 느끼하지만 굉장히 고소하고 맛있어서 씨를 빼내고 그 자리에 마요네즈 샐러드를 넣어서 먹는다. 굴은 겨울 제철 음식으로 우리나라에서는 양식도 많이 발달하여 사람들이 즐겨 먹는다.

가정에서 요리에 많이 사용되고 있는 식재료 중 하나인 연근은 요리 방식에 따라 전혀 다른 식감을 갖는다. 연근조림은 싸그락거리고 연근튀김은 바삭거린다. 같은 재료여도 어떤 방식으로 만드는지, 수분의 양이 얼마큼 있는지에 따라서 서로 다른 식감을 가질 수 있다. 마찬가지로 감자를 사용하더라도 기름에 튀긴 감자칩과 쪄서 으깬 매시트 포테이토는 전혀 다른 식감을 가진 요리가 된다.

또 요리를 할 때 같은 설탕을 넣더라도 갈색 설탕인 원당을 넣었을 때와 백설탕을 넣었을 때는 식감이 다르다. 제과에 백설탕을 넣으면 유연성이 없어서 그냥 깨지는 반면, 원당을 넣은 쿠키는 유연성이 좋아서 깨지지 않는다. 달걀과 밀가루를 가지고 반죽할 때도, 버터를 넣었을 때와 안 넣었을 때의 빵의 식감은 사뭇 다르다. 버터가 없으면 단단하지만 버터를 넣으면 부드러워진다. 똑같은 식재료와 조리 도구를 쓰더라도 초보 요리사와 프로 요리사가 만드는 요리에는 엄청난 차이가 있듯이, 사람이 행하는 조리 조작이 요리의 입맛에 막대한 영향을 미친다.

각기 다른 맛과 맛이 만났을 때
- 미각

맛은 단맛·쓴맛·신맛·짠맛·감칠맛으로 구별한다고 했다. 단맛의 맛 분자는 대부분 탄수화물로, 우리 몸의 에너지의 근본 물질이라서 뇌가 원하는 맛이다. 한편 우리 몸은 쓴맛에 굉장히 예민하게 반응한다. 몸의 독성 물질들은 대부분 쓴맛이기 때문에 그로부터 우리 몸을 보호하기 위해서다. 신맛에 예민한 것도 비슷한 이유다. 음식이 상하면 신맛을 내기 때문에, 해로운 물질로부터 우리 몸을 보호하고자 혀는 신맛을 잘 감지해낸다. 짠맛 분자는 맛을 인지하는 데 매우 중요한 물질로, 소금이 없으면(소금을 섭취하지 않으면) 우리의 뇌는 음식의 맛을 인지하지 못한다. 분자의 신경전달물질은 소금을 이루는 주성분인 나트륨이기 때문이다.

우리는 음식을 먹을 때 어떻게 맛을 느끼는가? 음식을 씹으면 맛 분자들이 침에 녹아들고, 혀에 있는 여러 유두 —버섯유두fungiform papilla, 성곽유두circumvallate papilla, 잎새유두foliate papilla 등— 위에 존재하는 미뢰taste bud에서 맛 세포를 만나서 화학적인 변화가 일어난다. 화학적 변화는 여러 단계의 신경전달 과정을 거쳐서 맛의 정보

를 뇌로 전달하고, 이로써 맛은 인지되고 지각된다. 이때 미각은 각각의 서로 다른 미각 수용체에 의해 감지되는데, 최근에는 일반적으로 알려진 다섯 개 이외에도 입 안에 존재하는 칼슘을 감지하는 수용체, 기름의 구성 성분인 지방산을 느끼는 수용체, 매운맛을 감지하는 수용체 등 여러 새로운 미각 수용체들이 밝혀지고 있다. 그런데 단순히 미각 수용체의 유무만으로 결정될 수 없는 것이 있다. 바로 맛을 느낄 수 있는 정도의 차이다. 그렇다면 어떤 여건들이 맛의 정도, 세기에 영향을 미칠까?

우선 맛의 상보성과 상쇄성이 있다. 각기 다른 맛들은 만났을 때 서로의 맛을 강화시키기도 하고 약화시키기도 한다. 단맛과 짠맛은 서로 상보적이어서 단 수박이나 팥죽에 소금을 뿌리면 단맛이 더 강해진다. 초밥의 신맛은 짠맛이나 단맛에 의해 약해지며, 쓴맛을 가미하면 오히려 신맛이 강해진다. 다시마에 버섯을 더하면 감칠맛이 증가한다. 음식에서 어느 한 가지라도 강한 맛이 나면 그 맛에 의해 다른 맛들이 묻힐 수 있다. 그래서 요리할 때는 각각의 맛들이 서로 균형을 이루고 조화롭게 살아 있도록 해야 하며, 그래야만 좋은 요리라고 말할 수 있다.

또 하나의 중요한 요소는 음식의 온도다. 음식을 먹을 때 음식의 온도는 맛의 정도에 많은 영향을 미친다. 예를 들어 단맛은 온도가 높은 때일수록 더 달고 온도가 낮은 때일수록 느끼기가 힘들다. 단맛을 느끼는 수용체는 체온에 가장 민감하여 온도가 낮으면 반응이 무뎌지기 때문이다. 반면 된장국은 식었을 때 더 짜다. 된장국이 뜨끈할 때 최상의 맛을 내는 감칠맛 성분은 온도가 내려갈수록 점점 약해지지만, 짠맛은 온도와 관계가 없기 때문에 국이 식었을 때 짠맛만 두드러지게 남는 탓이다. 신맛도 짠맛과 비슷하다. 이 둘은 다른 맛 수용체들과 달리 나트륨이온과 수소이온의 농도를 감지하는 이온 통로를 통하여 맛을 감지하는데, 이온 통로는 온도에 민감하지 않다.

앞에서 언급한 여러 미각 중, 짠맛을 내는 소금은 음식에 풍미를 더해준다. 소금은 쓴맛은 중화하고(설탕보다 쓴맛 제거 효능이 뛰어나다), 단맛 등의 다른 주요 맛과 향은 더욱 강하게 함으로써 음식 맛을 더 좋게 만든다. 그래서 채소 샐러드에도 약간의 소금을 넣으면 맛이 더욱 조화를 이룬다. 게다가 소금은 살균 효과가 있어 미생물을 살지 못하게 함으로써 음식을 더 오래 보존할 수 있게 한다.

요리에 소금을 사용할 때는 소금의 순도와 농도를 고려해야 한다. 소금에 함유되어 있는 다른 성분들이 음식의 맛을 변하게 해서는 안 된다. 정제염은 소금의 농도가 거의 100% 정도이지만 천일염은 약 80% 정도이며 그 안에는 마그네슘, 칼슘, 칼륨 같은 많은 무기질들이 포함되어 있어서 맛에 영향을 줄 수 있다. 소금으로 음식을 절일 때, 정제염은 소금의 농도가 더 짙으므로 천일염을 사용할 때보다 절임 시간을 짧게 해야 한다. 쓴맛을 포함한 여러 불쾌한 맛은 제거하고, 감미로운 맛의 강도는 높여주는 것이 바로 소금이다.

입으로 느끼고 눈과 귀로 즐기다
– 촉각, 시각, 청각

촉각 촉각은 피부로도 느껴지지만 입 안에서도 느낄 수 있는 감각이다. 입 안에서 느껴지는 정보를 전두엽에서 미각, 후각, 시각 등 다른 감각 정보와 통합하여 느낀다. 음식을 입에 넣고 씹는 느낌, 입과 혀에 닿는 감촉, 목 넘김 같은 물리적인 촉감도 맛에 중요하다.

우리는 음식의 질감을 예상한다. 소스는 부드러울 것이고, 고기는 쫄깃할 것이며, 빵과 케이크는 부드럽고, 시리얼과 크래커는 바삭할 것이라 예상한다. 질감이 예상하는 것과 빗나가면 음식의 질을 의심하게 된다. 냄새 분자와 후각세포가 화학적이라면 입술, 입 안, 인두, 치아로 느끼는 질감은 물리적이라고 말할 수 있다.

시각 맨 먼저 음식은 시각으로 평가된다. 접시 위에 디스플레이된 형태와 색으로 우리는 음식을 처음 만난다. 인간은 시각을 통하여 사물의 80% 이상의 정보를 얻고 판단한다. 뇌 활동의 70% 이상은 시각 활동이며 뇌가 보고 기억하는 이미지는 한 번에 만 개 이상이다. 음식의 첫인상은 시각을 통하여 결정되기 때문에 눈으로 즐기는 요리라고 말할 만큼 시각적인 완성도는 중요하다.

우리 속담에는 "보기 좋은 떡이 먹기도 좋다" "같은 값이면 다홍치마"라는 말이 있다. 접시 플레이팅dish plating은 요리의 마무리이며 또 다른 설치미술이다. 유명 셰프 중에는 그림을 취미로 하는 사람들이 많다.

청각 탄산음료나 맥주를 잔에 따를 때 거품에서 나는 소리, 무김치 씹는 소리 등 음식을 먹을 때 청각 또한 중요하다. 맥주는 뚜껑을 열 때 '퐁' 소리가 나야 하고 총각김치를 씹을 때는 사각거리는 소리가 나야 한다. 영국에는 해산물을 주문하면 녹음된 바다 소리와 함께 음식이 나오는 레스토랑이 있다. 해산물을 먹을 때 파도소리와 함께 음식을 먹는다면 더 실감나고 맛있게 음식을 먹을 수 있을 것이다. 음식은 오감으로 먹어야 한다. 음식은 뇌가 먹기 때문이다.

5장

부엌에서 생체분자를 배우다

생체분자

　우리는 음식을 통하여 여러 가지 우리 몸에 필요한 분자들을 섭취하는데, 그중에는 탄수화물, 단백질, 지방, 미네랄 등이 있다. 이것들을 생체분자라고 한다. 좋은 요리를 하기 위해서는 음식 속의 생체분자들이 요리 과정에 따라 어떻게 변형되어 가는지를 파악할 필요가 있다. 고기로 대표되는 단백질, 밀가루나 쌀로 대표되는 탄수화물, 기름으로 대표되는 지방이 음식에서 어떠한 역할을 하고 있는지, 가열 과정에서 생긴 변화가 각 생체분자의 식감에 어떤 영향을 미치는지 자세히 들여다보자.

우리 몸에 가장 중요하고 주된 에너지원 - 탄수화물

　　　　　　　우리는 왜 음식을 먹는가? 물론 배가 고파서 먹는다. 배가 고픈 것은 우리 몸에 에너지 공급이 필요하기 때문이다. 휴대 전화가 통화를 많이 하면 전원이 부족하여 충전을 필요로 하듯이 우리 몸도 일하기 위하여 에너지ATP, adenosine triphosphate를 필요로 한다. 몸에서 에너지는 물질대사를 통하여 만들어지며, 물질대사의 기본 물질은 식사를 통하여 공급된다.

주된 생체분자 중 하나인 탄수화물은 탄소와 수산화물을 합친 것을 말한다. 시리얼, 빵, 콩, 과일, 채소, 설탕, 감자, 파스타, 쿠키, 음료수는 거의 탄수화물이다. 탄수화물이 체내에서 분해되면 포도당glucose이 되는데, 이것은 피루브산염pyruvate이 되어 에너지원인 ATP를 만든다. 마치 자동차에서 휘발유가 엔진을 돌려 차를 주행하고 에어컨, 헤드라이트, 오디오를 작동시키는 연료인 것처럼, 포도당은 우리 몸에서 중요한 에너지원이다.

탄수화물 물질대사는 지방이나 단백질 대사에 비하여 쉽고 빠르게 진행되는 가장 효율적인 에너지원이다. 뇌는 우리 몸의 모든 에너지 중 3분의 2를 사용하는데, 이때 탄수화물 대사만을 사용한다. 뇌가 에너지원으로 포도당을 필요로 하므로 우리는 그 어떤 맛보다 단맛에 끌릴 때가 많다. 우리 몸이 단것에 먼저 반응하는 것은 우리 뇌가 먼저 단것을 먹으라고 지시하기 때문이다.

탄수화물은 몇 개의 당으로 이루어졌는가에 따라서 단당류, 이당류, 다당류로 분류된다. 단당류에는 포도당, 과당, 갈락토스가 있고, 이당류에는 맥아당, 자당, 유당 등이 있으며, 다당류에는 녹말, 글리코겐, 셀룰로스, 키틴 등이 있다.

단당류는 구조의 파괴 없이는 더 이상 가수분해되지 않는 당이다. 대표적인 단당류인 포도당과 과당에는 알파와 베타 형태가 있으며

알파, 베타 형태는 온도와 환경 조건에 따라서 상호 변환된다. 포도당·과당의 당 분자는 온도가 일정할 때는 알파형과 베타형의 비가 일정하게 유지되는 평형상태에 있지만, 온도가 낮아지면 불안정한 알파형보다 안정한 베타형이 많아진다. 이때 베타형은 알파형보다 당도가 강하기 때문에, 차가운 과일일수록 더 달게 느껴지는 것이다. 이밖에도 포도당, 갈락토스를 포함하여 8가지 필수 단당류가 있는데 이 필수 단당류들은 몸에서 합성하기 어려운 것들이라서 식품을 통해서 섭취해야만 한다.

이당류는 단당류 2개가 붙어 있는 형태이다. 여기에서는 단당이 밑으로 붙어 있는 형태를 알파 연결이라고 하고 위로 붙어 있는 형태를 베타 연결이라고 한다. 포도당 2개로 이루어진 이당류에는 맥아당과 셀로비오스cellobiose가 있는데, 포도당이 밑으로 알파 형태로 붙어 있는 것은 맥아당이라 부르고 위로 베타 연결로 붙어 있는 것은 셀로비오스라 부른다. 셀로비오스가 계속 붙어서 고분자 형태가 되면 다당류인 셀룰로스가 된다. 소나 말은 베타 결합을 소화시킬 수 있는 효소가 분비되어 식물 셀룰로스를 소화시킬 수 있으나, 인간에게는 베타 결합을 분해할 수 있는 효소가 없어 소화시키지 못하고 바로 배설된다. 한편 맥아당이 계속 붙어 고분자가 되면 녹말인데, 녹말은 아밀라아제에 의해 분해되어 에너지원이 된다.

설탕(자당)은 포도당에 과당이 붙어 있는 이당류 탄수화물이다.

효소반응을 통해 포도당과 과당을 만들어낸다. 이것들은 음식에 있어서 단맛을 내는 데 중요한 분자이다. 젖당은 포도당에 갈락토스가 붙어 있는 이당류이다.

다당류는 여러 단당류들이 결합된 형태로 우리가 흔히 먹는 곡물, 녹말 등이 여기에 속한다. 셀로비오스의 고분자 형태인 셀룰로스는 식물 세포벽의 주성분으로 섬유소라고 한다. 식물성 물질의 33%를 차지하지만 앞에서 말했듯 사람은 소화할 수 없다. 이것들은 수소결합을 통해서 층층이 쌓일 수 있어서 나무나 면섬유 등을 만든다. 포도당이 알파 연결로 3개 이상 직선 구조로 결합하면 아밀로오스amylose가 되고 가지 구조로 결합하면 아밀로펙틴amylopectin이 된다(아밀로오스는 포도당이 1, 4결합으로 되어 있어서 직선 구조로 이어져 있는 형태이고 아밀로펙틴은 1, 4결합과 1, 6결합이 다 존재해서 가지 구조로 되어 있

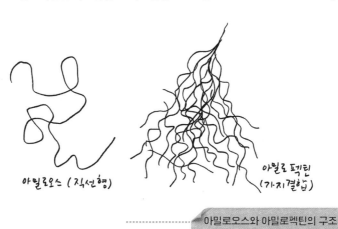

아밀로오스 (직선형)

아밀로펙틴
(가지결합)

아밀로오스와 아밀로펙틴의 구조

다). 아밀로오스와 아밀로펙틴은 요리에서 매우 중요한 식재료이다. 보통 요리에 많이 쓰이는 전분의 구성 성분은 아밀로오스가 20%, 아밀로펙틴이 60%, 단백질, 즉 글루텐 단백질이 10% 정도이며 그 나머지가 미네랄, 비타민으로 구성되어 있다. 이때 아밀로오스와 아밀로펙틴의 비율은 어떤 식물을 사용한 전분인지에 따라 —고구마 전분인지, 감자 전분인지, 밀 전분인지, 쌀 전분인지— 다르며 글루텐의 함량에도 영향을 미친다. 글루텐이 많이 함유되어 있을수록 끈끈하며, 전분은 그 끈끈한 정도에 따라 제빵, 제과, 면, 부침, 튀김 요리 등 각기 다른 용도로 쓰인다.

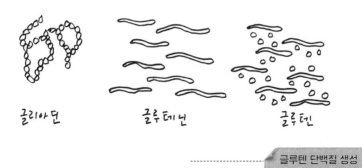

글리아딘　　　　글루테닌　　　　글루텐

글루텐 단백질 생성

전분 안에 함유되어 있는 단백질인 글리아딘gliadin과 글루테닌glutenin이 만나면 글루텐 단백질을 만들어 끈끈함을 가진다. 글루텐 함량이 11~13% 정도인 강력분은 제빵에 사용되고, 글루텐 함량이

8~10%인 중력분은 국수, 면을 만드는 데 사용되고, 글루텐이 8% 미만인 박력분은 딱딱한 질감을 갖는 쿠키나 과자 등을 만드는 데 사용된다. 탕수육은 튀겼을 때 바삭해야 하므로 박력분인 고구마 전분을 사용한다.

빵이나 밥을 하면 처음에는 부드럽다가 시간이 지나면서 딱딱해진다. 이유가 뭘까? 빵 만들 때를 예로 들어보자. 밀가루에 물을 넣고 반죽을 하면 밀가루에 포함된 아밀로오스와 아밀로펙틴이 서로 수소 결합 하여 미셀을 만든다. 여기에 열을 가하면 물 분자가 스며들어 전분 분자들과 결합하며 젤라틴화gelatinization가 일어나 부드러워진다. 그런데 젤라틴화가 일어나면 반죽에 아밀로펙틴은 남아 있고 물에 잘 녹는 아밀로오스만 전분 입자 밖으로 빠져나가게 된다. 그 결과 시간이 지나면 안에 있던 수분이 빠지면서 빵이 딱딱해지는데, 이러한 현상을 퇴보(노화)retrogradation라고 한다. 첨가제를 사용하여 퇴보 지연이 되면 시간이 가도 수분이 쉽게 빠지지 않아 비교적 빵의 부드러움을 오래 유지할 수 있다.

탄수화물은 단맛을 가진다. 밥을 오래 씹으면 입 안에서 침 안의 아밀라아제에 의해 아밀로오스가 당도가 높은 포도당으로 분해되며 단맛을 느끼게 된다. 당도는 설탕을 기준 1로 놓았을 때 과당 1.75, 포도당 0.75, 젖당 0.16, 아스파탐 180, 사카린 350이다. 당도는 탄수화물의 구조에 따라서 달라지기도 한다. 포도당은 포도당이성화

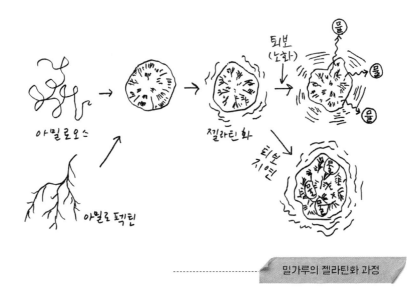

아밀로오스

아밀로펙틴

젤라틴화

퇴보
(노화)

물

물

물

퇴보
지연

효소glucose isomerase에 의해서 과당이 되는데, 이때 과당의 당도는 1.75로 포도당보다 거의 2배 이상 높다. 과당은 콘시럽corn syrup으로 음식에 올려서 먹기도 한다. 하지만 단 만큼 과당은 굉장히 고에너지로 비만의 원인이 된다.

사람은 음식을 만들고 음식은 사람을 만든다. 사람의 몸은 먹는 대로 된다. 아랍의 경우 젊은 사람들은 날씬한데 나이 든 사람들의 비만도는 매우 높다. 아랍인들은 거의 유목민이라 이동이 편리한 건식을 주로 한다. 대부분의 음식이 육류라서 굉장히 기름지고 지방을 많이 섭취하게 된다. 종교적으로 금주를 요구하므로 식탁에서 와인

대신 콜라, 주스 같은 음료수를 마신다(콜라는 단지 설탕물에 탄산을 넣은 것이다). 매일매일 음료로 섭취하는 설탕이 비만을 만든다. 탄수화물은 고에너지이고 몸에서 중요한 에너지원이지만 많이 먹으면 당뇨가 되고 비만이 된다. 비만의 원인은 단백질, 지방이 아니라 탄수화물이다.

우리 몸을 여러 기능 면에서 관리하다
– 단백질

우리 식탁에 올라오는 음식 중 스테이크, 생선, 우유, 두부, 치즈, 달걀 등은 전부 단백질 식품이다. 2장에서 언급했듯 단백질이란 달걀흰자를 뜻하며, 라틴어로 중요하다는 의미의 프로테오스에서 유래하였다. 단백질은 우리 몸에서 근육을 만들고, 헤모글로빈처럼 산소를 운반하고, 면역계에서 항체를 만들고, 인슐린처럼 우리 몸을 조절하고, 효소처럼 우리 몸의 대사를 주관하는 매우 중요한 물질이다.

포도당이 사슬 모양으로 연결되어 전분을 만들듯이 20가지의 아미노산들이 서로 연결되어 단백질을 만든다. 수백, 수천 개의 아미노산이 결합하여 만들어진 단백질은 유연성flexibility이 매우 크다. 유연성이 있어 기능적인 한편, 구조적으로는 매우 불안정하다. 구조적으

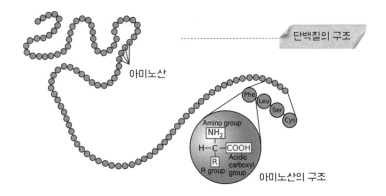

아미노산

Phe
Leu
Ser
Cys

Amino group
NH₂
H—C—COOH
R
R group
Acidic carboxyl group

아미노산의 구조

로 불안정해야 유연하고 탄력성 있게 기능할 수 있기 때문이다.

단백질은 온도, 염도, 산도, 계면활성제, 거품, 기계적 힘 등에 매우 예민하고 불안정하다. 대체로 단백질은 37℃ 이상이 되면 자연형태native conformation의 구조가 뒤틀어지기 시작하여 불안정하게 된다. 단백질은 자연형태를 유지하는 힘이 있는데 외부에서 이보다 더 큰 힘이 오면 구조가 깨져 구조적인 변성이 생기는 것이다. 이때 단백질은 구조적 변성에서 오는 불안정함을 없애기 위해 서로 뭉치게 된다.

우리는 요리할 때 고기 등을 가열하고, 식초나 소금을 넣기도 하고, 거품도 내고 믹서에 갈기도 한다. 이러한 것에 의해서 단백질이 변성될 수 있으며 변성된 단백질은 이전과는 또 다른 식감을 준다. 예를 들어 우유에 레닌rennin을 넣으면 단백질이 응고되면서 엉기게 되어 치즈가 된다. 달걀은 가열하면 자연형태로 접혀 있던 단백질 구조가 변성되며 펼쳐지고 서로 뭉쳐지면서, 투명한 흰자가 불투명한

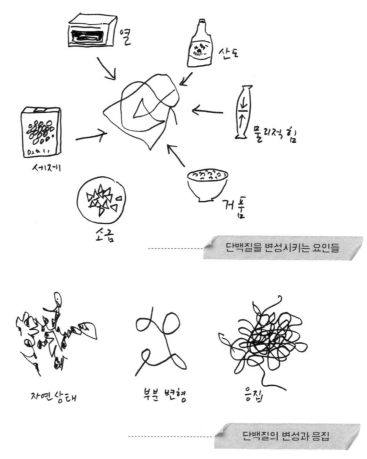

열

산도

세제

물리적 힘

소금

거품

단백질을 변성시키는 요인들

자연상태

부분 변형

응집

단백질의 변성과 응집

흰 덩어리로 변한다.

단백질에는 효소처럼 각각의 기능을 가지고 있는 단백질도 있고, 액틴이나 미오신처럼 구조를 이루는 단백질도 있다. 스테이크용 고기는 후자에 속한다. 섬유, 즉 실이 모여서 밧줄을 만들듯이 미오신

이 섬유 형태로 모여 단백질을 이루며 근육이 된다. 온도가 높아지면 단백질이 변성되면서 속에 있는 수분이 밖으로 빠져나오고, 수분이 빠지면 딱딱해진다. 그래서 스테이크를 구울 때는 높은 온도로 고기 표면을 코팅하듯이 구운 다음 약한 불로 내부를 구워 육즙이 빠지지 않도록 해야 한다.

기름지고 부드럽고 고소하다
- 지방

소고기 마블링, 삼겹살, 생선 뱃살, 버터, 식용유 등은 대표적인 지방 식품이다. 지방은 요리의 고소함과 향을 내는 데 중요한 성분이다. 고기에 마블링 지방이 있으면 굉장히 부드럽다. 생선은 추워지면 내장을 보호하기 위하여 배에 지방을 축적하기 때문에 겨울에 생선 뱃살은 생선에서 가장 맛있는 부위이다. 꽁치나 전어를 구우면 뱃살에 있는 지방 때문에 기름이 많이 나오고 지방이 타면서 고소한 향을 낸다.

지방은 우리 몸의 주요 에너지원이다. 철새들도 가을에 날아가기 전에는 음식을 기름지게 먹어서 몸에 지방을 저장해 에너지를 축적해 둔 후에 이동한다. 지방을 몸에 많이 저장한 새가 생존에 유리한 것이다. 우리 인간 역시 역사적으로 몸에 지방을 많이 축적할 수 있는 사람이 생존력이 강했을 것이다. 그렇다고 지나치게 지방을 많이 섭취하여 비만이 되는 일은 없도록 주의해야 한다.

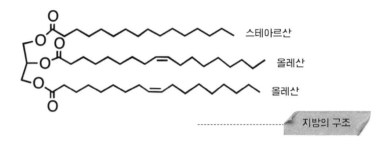

스테아르산

올레산

올레산

지방의 구조

우리가 먹는 지방의 대부분은 지방산이다. 액체 상태인 식용유의 기름은 크기가 다른 여러 종류의 지방산으로 이루어져 있다. 고체 상태의 육류 지방도 지방산이다.

지방은 한 개의 글리세롤과 세 개의 지방산으로 이루어져 있다. 지방산fatty acid은 긴 탄소 사슬에 카르복시산이 붙어 있는 구조다. 보통 지방산은 탄소 수가 4개에서 36개까지 다양하며 대부분이 짝수로 되어 있다. 탄소 이중결합의 존재에 따라서 스테아르산stearic acid과 같이 이중결합이 없이 탄소의 단일결합으로 된 포화지방산과, 올레산oleic acid같이 이중결합 구조를 가진 불포화지방산으로 구별한다.

포화지방산saturated fatty acid과 불포화지방산unsaturated fatty acid은 물리적 특성이 많이 다르다. 불포화지방산처럼 탄소와 탄소가 이중결합하면 이중결합은 결합회전이 안 되므로 액체 상태로 존재하지

만, 포화지방산은 탄소와 탄소가 단일결합하여 자유롭게 회전이 되기 때문에 고체 상태로 존재한다. 이런 포화지방산은 녹는점과 관련된다. 또 포화지방산은 상온에서 고체로 존재하지만(대부분의 동물성 지방) 불포화지방산은 액체로 존재한다(올리브오일 등 대부분의 식물성 지방에 많다).

어떤 지방산으로 구성되어 있느냐에 따라서 물질의 물성은 달라진다. 예를 들어 올리브오일은 액체 상태이고 버터기름은 부드러운 고체 상태, 소고기 지방은 딱딱한 고체 상태인데 이것들의 차이는 포화지방산의 비율에서 온다. 포화지방산의 비율이 높을수록 딱딱한 것을 확인할 수 있다. 기름도 지방산의 성분에 따라서 끓는 온도가 다르다. 올리브오일처럼 탄소수가 작은 지방산의 성분이 높으면(불포화지방산) 끓는 온도가 많이 올라가지 않아서 튀김용으로 적합하지 않다.

한편 온도에 따라서도 지방의 상은 달라질 수 있다. 지방은 상온에서는 액체이지만 냉장고에 보관하면 고체가 된다. 현대요리에서 가장 많이 사용하는 올리브오일은 냉장고에 보관하면 뿌옇게 되며 고체가 된다. 상한 것이 아니고 단지 상이 변한 것이므로 상온에서 2~3시간 놓아두면 다시 투명한 상태가 된다. 따라서 참기름이나 올리브오일은 사용하기 전에 냉장고에서 꺼내두는 것이 좋다.

6장

부엌에서 만난 발효 이야기

음식과 발효

음식은 장맛이다. 우리가 요리할 때 사용하는 양념은 거의 발효식품이다. 간장, 된장, 청국장, 김치, 치즈, 요구르트, 젓갈, 맥주, 막걸리, 와인, 식초 등 발효식품을 제외하면 음식을 논할 수 없다. 발효식품이란 동물 또는 식물의 원재료를 효모, 곰팡이와 같은 미생물을 이용해 변형한 식품을 말한다. 발효식품은 향미, 조직, 안정성 등 다양한 측면에서 원재료와 다른 특성을 가진다. 발효의 형식은 미생물의 종류나 환경에 따라 다양하게 나타난다. 일반적으로는 효모의 알코올 발효, 젖산균의 젖산 발효, 초산균에 의한 초산 발효가 있다.

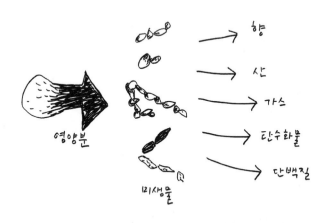

미생물이 영양분을 먹고 발효하여 여러 물질을 만드는 과정

식품을 발효시킴으로써 독특한 특성과 높은 영양가를 가진 다양한 종류의 식품을 얻을 수 있다. 치즈의 경우만 하더라도 대략 1000여 개의 종류가 있다. 발효식품은 다양한 종류의 음식에 부재료로 사용되며 독특한 향미를 준다. 발효를 통하여 새로운 물질을 생산하고 풍미를 개선할 수 있으며 식품의 저장기간을 연장할 수도 있다. 우리나라에서 생산되는 주요 발효식품 중에는 김치를 포함한 절임류, 곡물과 과실을 이용한 주류, 어류를 이용한 각종 젓갈류가 인기가 있다.

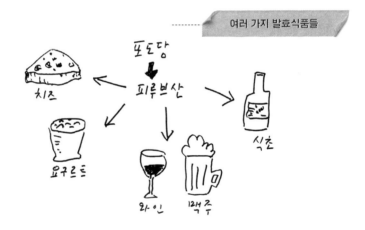

여러 가지 발효식품들

발효fermentation는 라틴어로 괴어오르다fervere를 의미한다. 부패도 이와 비슷한 현상을 보이지만, 부패가 바람직하지 않은 결과를 주는 데 비하여 발효는 대체로 그 작용이 인간에게 유용한 결과를 준다.

우리 몸을 이루고 있는 세포가 10조 개라면, 우리 몸에 붙어서 살고 있는 미생물들은 100조 개라고 보면 된다. 사람마다 얼굴이 다 다르듯이 이들 미생물들, 즉 균들의 종류도 그들이 서식하는 환경에 따라 다르다. 사람마다, 집집마다, 지역마다 다르다. 그래서 같은 재료로 김치를 담그고, 술을 빚어도 어디에서 누가 하느냐에 따라 그 맛이 저마다 조금씩 다르다. 그 집에 사는 균이, 그 요리를 하는 요리사 몸에 살고 있는 발효균이 다르기 때문이다.

당이 알코올과 이산화탄소로 분해될 때 – 알코올 발효

술은 거의 인류 역사와 함께 할 정도로 오랜 역사를 가진다. 술을 만드는 알코올 발효는 예로부터 가장 많이 연구되었으며 효소화학 발전에도 큰 역할을 하였다. 알코올 발효란 산소가 없는 상태에서 미생물(대표적으로 효모)에 의해 당류가 알코올과 이산화탄소로 분해되어 알코올을 생성하는(이때의 알코올은 에탄올이다) 발효로, 주정 발효라고도 한다. 그렇다면 알코올 발효는 어떻게 진행될까?

우선 다당류인 전분이 누룩에 의해 포도당이 되고 효모에 의해 10단계 효소반응을 하면 피루브산이 된다. 여기에서 다시 2단계 효소반응을 하면 에탄올ethanol이 만들어진다.

알코올 발효를 하면 막걸리, 맥주, 포도주, 사과주 등의 술을 만들 수 있다. 이 술들은 비증류주라 일컬으며, 알코올 도수가 15%를 넘지 않는다. 알코올 발효 시 대부분의 발효균은 15%인 알코올에서는 죽기 때문이다. 도수가 15%가 넘는 소주, 위스키, 고량주, 데킬라, 보드카 등의 독한 술들은 알코올을 증류하여 만들기 때문에 증류주라고 한다.

소주는 다른 말로 하면 희석식 증류주이다. 다시 말하면 밀, 고구마, 쌀 등으로 먼저 알코올 발효를 시킨 후, 그것을 증류하여 얻은 99% 에탄올 주정을 낮은 알코올 농도로 희석한 것이 소주이다. 그래서 어느 소주나 맛이 거의 같다. 주정인 99% 에탄올을 도수 18%의 알코올로 희석해서 약간의 맛 요소를 가미만 하니 상표만 다르지 맛은 거의 비슷하다. 지금은 수입한 곡식으로 소주를 만들어서 더 그렇지만, 옛날에는 지방마다 그 지역의 산물로 만든 고유의 독특한 소주가 있었다. 법성소주가 있었고, 한산소주가 있었고, 안동소주가 있었고, 진도소주가 있었다.

우리가 자주 마시는 막걸리는 어떻게 보면 국적이 없는 술이라고 할 수 있다. 미국에서 수입해 온 쌀을 사용하여 일본에서 가져온 강력한 단일 발효균을 가지고 막걸리를 빚는다. 그래서 한국 어디를 가든지 맛은 거의 비슷하다. 차이가 있다면 그 지역의 물과 맛을 내는

조미료의 차이뿐이다. 과거에는 동네마다 양조장이 있었다. 동네 양조장은 그 지역에서 수확한 쌀을 사용하고 그 양조장에서 만든 누룩을 사용하여 막걸리를 빚었다. 지역마다 독특한 향을 가진다는 와인의 테루아처럼, 그 지역의 쌀과 누룩을 가지고 양조하였기 때문에 다른 지역 술과 차별화가 되었다.

된장의 구수한 향미는 어디서 올까
– 젖산 발효

김치, 피클, 요구루트, 치즈, 하몽, 올리브(생으로 먹기보다는 주로 발효시켜서 먹는다) 등은 피루브산에서 젖산으로 변하는 젖산 발효의 산물이다. 알코올 발효와 함께 미생물의 주요 발효에 속하며, 동물조직에서 일어나는 당의 분해 과정인 해당解糖작용도 여기에 포함된다. 간장, 된장 등의 발효식품도 젖산균에 의해 젖산의 산미와 향기 성분을 생성하여 장류의 향미에 중요한 역할을 한다.

된장을 만드는 방법에는 크게 두 가지가 있다. 먼저 메주로 장을 담근 뒤 시간이 지나면 장물을 떠내고 남은 건더기를 이용해 된장을 만드는 재래식 방법이 있다. 다른 하나는 메주에 직접 소금을 알맞게 부어 넣고 익혀서 장물을 떠내지 않고 그냥 만드는 방법이다. 이

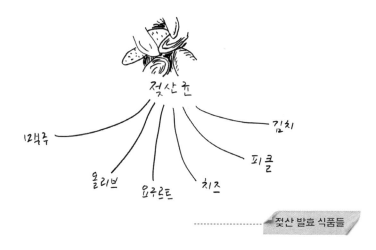

젖산균

맥주 김치 피클 올리브 요쿠르트 치즈

젖산 발효 식품들

러한 과정을 거쳐 만든 된장은 숙성되면서 곰팡이, 효모 미생물에 의해 전분을 당으로 분해시키고, 이들 당의 일부는 젖산 발효를 통해 젖산을 생성한다. 이때 동시에 향미 성분인 유기산organic acid과 에테르ether가 생성되어 된장 고유의 향기를 이루게 되는 것이다.

된장과 똑같이 메주콩을 사용해 만들지만 훨씬 강하고 독특한 냄새를 풍기는 청국장은 바실루스Bacillus균에 의해서 만들어지는 단백질 발효의 산물이다. 바실루스균은 볏짚에 가장 많이 살기 때문에 청국장을 만들 때는 볏짚을 먼저 깔고 그 위에서 콩을 쪄서 적당한 온도로 발효시키면 된다.

동물성단백질 젖산 발효로 만든 식품에는 치즈, 올리브, 젓갈 등이 있다. 이 중 젓갈은 한국에서 특히 발달한 발효식품 중 하나다.

예부터 사람들은 조개나 생선 등 바다에서 나는 식량을 저장하기 위하여 젓갈을 담갔다. 한국의 젓갈은 거의 갯벌이 많은 서해안에서 만들어지는데, 갯벌 속에는 풍부한 미네랄이 있어서 질 좋은 소금을 얻을 수 있기 때문이다. 또한 갯벌에서는 젓갈을 담그는 데 필요한 어패류를 구할 수 있으며, 황토를 이용해 발효에 필요한 숨 쉬는 옹기 항아리도 만들 수 있다. 젓갈은 곁들여먹는 음식의 풍미를 더해 주는 발효식품으로 사랑받고 있다.

우리의 젓갈과 비슷한 발효 음식으로는 어떤 것들이 있을까? 우선 스페인의 유명한 음식 중 하나인 하몽을 들 수 있다. 돼지 뒷다리를 소금에 절여서 2~3년 동안 공기 중에 발효하여 만든다. 하몽은 검은 멧돼지를 가지고 만드는데, 가을이 되면 멧돼지를 잡기 전에 상수리(도토리)를 한 달 정도 먹인다. 그래야 상수리의 향이 살 속에 들어가서 최고급의 하몽이 된다. 스페인에서는 음식의 좋고 괜찮음의 기준이 하몽의 질로 좌우된다고 할 정도로, 하몽을 매우 기본적이고 중요한 요리로 여긴다. 또 다른 예로 독일 산간지방의 사람들은 가을이 되면 우리가 김장을 하듯이 양배추를 잘게 썰고 와인을 조금 넣어서 양배추 김치를 담그고, 돼지를 잡아서 처마 밑에서 훈제하여 보관하면서 필요한 단백질을 섭취한다. 이 양배추 김치와 돼지고기를 곁들인 요리가 수크르트choucroute로, 독일과 프랑스 알자스 지방에서 유명하다.

가장 한국적인
발효식품들

김치는 배추나 무 등과 같은 채소를 소금에 절이고 고추·파·마늘·생강 등 여러 가지 재료를 첨가하여 젖산 발효를 일으킨 일종의 젖산 발효 식품을 말한다. 김치는 주원료인 채소의 신선한 맛과 향이 손실되지 않게 하기 위해 각종 성분을 채소 내부에 침투시켜 독특한 풍미를 가지도록 숙성한 것이다.

김치를 담글 때는 침투작용과 발효작용이 일어난다. 침투작용은 배추의 숨을 죽이는 과정으로, 배추에 적당량의 식염(소금)을 가해 삼투압에 의한 탈수작용을 일으키는 것을 말한다. 그러면 세포 내의 수분 상실로 원형질 분리가 일어나 외부의 식염 및 조미 성분이 세포 내부로 들어오게 된다. 발효작용은 가공 중인 김치에 여러 가지 미생물이 번식해 각종 성분을 분해하며 산 또는 조미 성분을 만들고 특수한 향기와 맛을 갖게 하는 것이다.

김치는 우리와 가장 친밀한 발효 음식이다. 김치의 역사는 굉장히 오래됐지만 오늘날과 같이 고춧가루로 버무린 김치는 300여 년 전부터 만들어졌다. 김치를 담그는 원리는 위에서 설명했듯 그리 복잡하지 않다. 배추, 무, 오이 등을 비롯한 대부분의 채소에 소금을 넣어 절인 후 발효시키면 김치가 된다.

그런데 우리의 주거문화가 아파트 문화로 바뀌면서, 가정에서 김치를 담그지 않고 공장에서 담근 김치를 사먹는 경우가 많아졌다. 그러다 보니 안타깝게도 우리가 가지고 있던 그 좋은 김치 발효균들은 점차 사라져 가고 있다. 과거 일제강점기에 내린 금주령으로 우리 고유의 알코올 발효균이 거의 사라졌듯이 말이다. 균의 다채로움은 음식의 다채로움을 가져온다. 더 이상 우리 고유의 균이 사라지는 일이 없도록, 지금부터라도 식생활 문화를 바꾸어 나가야 한다. 자연으로 돌아가 전통을 되찾아야 한다. 특정 지역에서 사는 균과 그 지역의 바람을 맞으며 자라는 식재료들로 음식을 할 때, 지방 고유의 독특한 음식, 세계적인 음식이 나올 수 있다.

옛 사람들의 생활을 보면 우리나라의 또 다른 발효 문화를 살펴볼 수 있다. 옛 부엌 부뚜막에는 두 개의 단지가 있었다. 하나는 식초단지였다. 따뜻한 부뚜막에 있는 초단지에는 먹다 남은 술을 부어놓았다. 감이 감술이 되고 감식초가 되듯이 에탄올이 산화 발효하면 초산이 되기 때문이다.

다른 하나는 간장단지였다. 간장은 가장 한국적인 발효식품으로, 요리의 맛을 내는 기본양념으로 사용된다. 사람들은 간장을 늘 같은 절기에, 장 담그는 날에 담갔다. 간장을 담그기 전에는 목욕재계를 하고, 마치 도를 닦는 것처럼 간장을 담갔다. 너무 햇빛이 많아도 안 되고 너무 응달이 져도 안 되는, 집의 가장 좋은 자리에 장독대가 있었다.

우리 전통간장은 콩을 주원료로 하는 왜간장과는 달리 메주를 주 재료로 사용하기 때문에 구수한 메주 향이 나고 약간 쓴맛이 난다. 또 전통간장은 실제로는 매우 짠데 막상 맛을 보면 짠 것 같지 않고 뒷맛이 구수하고 달짝지근하다. 국수양념장, 미역국, 도토리묵전에 는 전통간장을 써야 하고 스테이크 소스, 샐러드 소스에도 전통간장 이 들어가면 개운한 맛이 난다. 이렇듯 앞으로도 우리만의 독특한 음 식을 만들기 위해서는 우리의 전통 양념과 식재료를 개발해야 한다.

요리와 함께 맛보는 와인 이야기

음식飮食은 한자로 '마실 음, 먹을 식'이다. 어쩌면 인간에게는 마시는 것이 먹는 것보다 우선이었는지 모른다. 식사의 주가 되는 고체 음식이 있으면 그것과 같이 먹는 액체 음식이 있다. 우리나라를 비롯한 동양권에서는 그 액체 음식이 국이라면, 서양에는 와인이 있다.

유럽 사람들은 대체로 유목 민족이었다. 한곳에 정착하는 농업과는 다르게 유목민은 굉장히 많이 움직이기 때문에 음식은 운반하기 쉬운 것이어야 했다. 그래서 유럽 사람들의 식생활은 거의 건식이다. 건식을 하다 보니 입을 헹궈주는 보조적인 액체 음식이 필요했고, 그 대표 음식이 와인이 되었다. 와인을 주식에 곁들이는 음식으로 삼다 보니 서양인들은 메인 음식과 와인의 조화를 매우 중요하게 생각한다. 그 둘을 맞추는 것을 영어권 국가에서는 짝짓기라 하고, 프랑스에서는 결혼이라고 표현한다.

사람이 술을 마시는 이유는 여러 가지이다. '왜 당신은 술을 마십니까?'라는 질문에 어떤 사람은 기분이 좋아지니까 마신다고 하고, 어떤 사람은 건강을 위해서 술을 마신다고 하고, 또 어떤 사람들은 술을 한잔해야 친구를 사귈 수 있다며 사회성 때문에 술을 마신다고 한다. 알코올 성분이 알려지기 전인 19세기에는 알코올을 마시고

몽롱해지는 것을 종교적인 축복으로 여기기도 했다고 한다.

미국에서는 사람들한테 '일상에서 당신에게는 뭐가 중요합니까?' 라고 묻는 설문조사를 실시했다. 하루에 3~4시간 이상씩 시청하는 텔레비전보다 더 중독된 것이 커피였고 그것보다 더 중독된 것이 섹스였으며 그것보다 더 강하게 중독된 것이 바로 와인인 것으로 조사되었다. 다르게 말하면 어떤 사람들에게 와인은 중독될 만한 또 다른 매력이 있다는 소리였다.

와인이 중요한 이유

와인은 무엇인가? 와인은 천·지·인의 산물이다. 땅, 테루아의 향을 포도에 담고 하늘의 햇빛과 바람으로 익혀서 사람이 빚어 만든 것이 와인이다. 기후도, 땅도, 빚는 사람의 기술도 좋아야 최상의 와인이 탄생한다. 과거에는 양조기술이 와인의 맛을 결정하는 중요한 요인이라 여겨졌는데 요즈음은 음식의 식재료처럼 포도의 테루아가 맛을 결정한다고 보는 추세다.

와인에 세계적으로 열광하기 시작한 지는 그리 오래 되지 않았다. 유럽 포도밭을 초토화시킨 필록세라 병충해와 양차 세계대전, 경제대공황을 지나오면서 와인산업은 침체기에 있었다. 그러다가 1991년

미국의 CBS 방송 시사프로에서 와인의 의학적 효능이 발표되면서 와인의 수요가 폭발적으로 증가하였다. 이것이 프렌치 패러독스 french paradox이다. 똑같은 음식을 먹고, 똑같이 육식을 하고, 똑같이 치즈를 먹는데 왜 프랑스 사람들은 성인병이 없고 날씬한 반면 미국 사람들은 성인병이 많고 비만일까? 와인 성분의 의학적 효능에 그 비밀이 있었다. 올리브, 토마토, 마늘 등의 지중해 음식에 더해 와인이 결국 사람을 건강하게 만든다는 것이었다. 그래서 이 프로가 나온 다음에 급격하게 와인에 대한 수요가 늘기 시작했다.

와인에는 여러 종류의 항산화제, 항암제 등 몸에 좋은 성분이 있다. 포도에는 70~80%의 물, 17~25%의 당, 0.3~1.5의 타르타르산 tartaric acid과 사과산malic acid, 그 외 소량의 비타민, 미네랄, 지방, 폴리페놀, 플라보노이드, 레스베라트롤resveratrol, 안토시아닌 등의 성분이 있다. 이러한 성분이 와인 속에 있기 때문에 와인이 의학적으로 인간을 건강해지게 할 수 있다. 매일 와인을 한 잔 마시는 것은 포도 반 송이의 성분을 먹는 것과 같다. 최근의 또 다른 해석에 의하면 와인의 의학적 성분뿐만 아니라 와인을 통해서 서로 소통하고 와인을 마시면서 천천히 음식을 먹는 습관이 사람들을 건강하게 만든다고 한다. 우리 몸은 들어온 음식을 알맞게 읽어서 소화효소를 내보내야 하는데 빨리 먹으면 그럴 시간이 없게 된다. 그래서 음식은 천천히 먹어야 되고, 섞어 먹지 않고 단순하게 먹어야 하는 것이다. 그런데 와인은 음식을 천천히 즐길 수 있는 분위기를 형성시킨다. 와인이 사람을 건강하게 만든다고 하는 것은 이런 이유에서다.

와인에는 어떤 것들이 있을까

와인은 크게 레드 와인과 화이트 와인으로 나눈다. 레드 와인은 다시 진한 레드 와인과 옅은 레드 와인으로 나눈다. 진한 레드 와인을 프랑스 말로 루주rouge라 하는데 붉다는 뜻을 담고 있다. 옅은 레드 와인은 장미를 의미하는 로제rose라 한다.

와인은 어떠한 포도를 가지고 어떻게 양조하였는가에 따라서 차이를 보인다. 와인 제조에 사용되는 포도 품종은 세계적으로 300종가량 된다. 또한 지방마다 그 지역의 기후 조건과 맞아 잘 자라는 포도 품종이 있는데, 아르헨티나 말벡Malbec, 미국 진판델Zinfandel, 호주 쉬라즈Shiraz 등의 포도가 그렇다.

포도 품종에 따라서 와인 맛은 확연히 달라진다. 레드 와인 제조에 쓰이는 포도는 쉬라즈, 말벡, 카베르네 소비뇽Cabernet Sauvignon, 피노누아Pinot Noir이다. 그 외에 스페인 토종 품종인 템프라니요 Tempranillo, 이태리 품종인 산지오베제Sangiovege가 있다. 포도는 품종에 따라 껍질의 구성 성분도 달라지며, 와인의 보디감(와인을 마셨을

때 입 안에서 느껴지는 질감이나 농도)은 주로 포도 껍질에 있는 타닌 성분에 의해 결정된다.

와인은 보디감에 따라 어떠한 음식과 먹을 것인지가 결정된다. 와인의 보디감은 정도에 따라 라이트 보디(일반적으로 질감이 얇고 가볍다), 미디엄 보디(넉넉한 질감과 잘 숙성된 타닌의 구조감, 적당한 산도), 풀 보디(절정에 이른 타닌의 구조감, 농도가 짙다)로 나뉜다. 쉬라즈가 제일 풀 보디이며 말벡, 카베르네 소비뇽, 달짝지근한 메를로Merlot, 부드러운 피노누아, 풋사과 같은 가메이Gamay 순으로 가벼워진다. 가메이는 포도가 약해서 포도주로 담그고 나서는 오래 보관하지 못한다. 그해 처음 익은 가메이 포도를 가지고 포도주를 담가서 11월 셋째 주 목요일에 세계적인 와인 파티에 사용하는 술이 보졸레 누보이다. 피노누아는 실크같이 굉장히 부드럽고, 메를로는 프랑스 말로 종달새인데 포도가 달고 부드럽고 종달새가 좋아했다는 데서 유래하였다. 의상으로 표현하자면 피노누아는 붉은 실크 드레스 같고, 메를로는 캐시미어 스웨터, 카베르네 소비뇽은 정장, 쉬라즈는 캐주얼 스타일이라 말할 수 있다.

로제 와인은 가메이, 그르나슈Grenache, 피노누아, 진판델을 사용하여 만든다. 포도를 너무 세게 짜면 껍질에서 진한 용액이 나오므로 그렇게 하지 않고 압력을 약하게 해서 색이 좀 연하도록 만든 것이 로제 와인이다. 이렇게 만드는 것이 정석이지만, 레드 와인과 화이트 와인을 적당히 브랜딩하여 만들기도 한다. 로제 와인은 처음에 지중해와 가까운 프랑스 남부 프로방스 지방에서 사용하였다. 프로방스 지방에서는 해산물이 많이 나는데 레드 와인과 해산물을 함께 먹으려고 하니 음식 궁합이 그리 맞지 않다는 것을 느꼈다. 레드 와인이 너무 진해서 부드러운 해산물로 만든 음식과 어울리지 않았던 것이다. 그래서 해산물과 같이 먹기 위해서 개발된 것이 로제 와인이다. 로제 와인은 보디감이 작아 해산물 요리와 잘 어울린다.

화이트 와인을 만드는 포도 품종은 주로 달짝지근한 무스카토Muscato, 약간 산도가 있는 리슬링Riesling, 경쾌한 느낌의 소비뇽 블랑Sauvignon Blanc 풍미가 풍부한 샤르도네Chardonnay가 있다. 화이트 와인을 담그는 포도 품종 중에서 가장 진한 포도가 샤르도네이다. 의상으로 표현하자면 리슬링은 원피스 같고, 소비뇽 블랑은 아주 담백해서 흰 블라우스 같고, 샤르도네는 검은색 베이스 의상과 같다.

음식의 맛을 결정하는 것이 후각이듯이 와인의 맛을 결정하는 것도 후각이다. 와인의 향은 땅의 향이고, 땅의 향을 머금은 포도의 향이고, 포도의 발효에서 만들어지는 발효의 향이다. 그래서 와인은 저마다 독특한 향을 가지고 있다. 와인의 향은 크게 두 가지로 구별한다. 본연의 포도가 가지고 있는 아로마 향과 와인의 발효 과정과 오크통에서의 숙성 과정에서 만들어지는 부케 향이다.

와인을 마실 때는 먼저 색을 보고, 잔을 돌려서 와인이 공기와 충

분히 섞이게 한 다음에 향을 맡는다. 혀로 맛보고 입에 넣어 삼킬 때에도 목으로 넘어가는 향을 코로 음미한다. 대부분 화이트 와인에서는 꽃, 과일, 채소 향이 나고 레드 와인에서는 광물, 가죽, 화학물질, 진흙 향이 난다. 사실 우리는 프랑스인들처럼 향으로 와인을 구별하지 못한다. 후각으로 예민하게 이 향이 무슨 향인지 구별하는 훈련이 안 되어 있기 때문이다. 그래서 사람들에게 와인의 향을 말해보라고 하면 향에 대한 기준이 없기 때문에 각기 다른 말을 한다.

한편 입 안에서 와인의 맛을 결정하는 요인에는 수직적인 산도와 수평적인 타닌의 쓴맛, 보디, 당도 등이 있으며, 음식에 맞는 와인을 고를 때에는 이러한 것들이 얼마나 잘 균형 잡혀 있는지를 본다. 화이트 와인에서는 산뜻한 산도가 중요하고 레드 와인에서는 묵직한 보디감이 중요하다.

와인과 음식
페어링

와인과 음식은 궁합이 맞아야 한다. 프랑스어로는 결혼을 의미하는 마리아쥐marriage로 표현하며, 영어로는 페어링 pairing이라고 한다. 와인과 음식은 각각 살아 있으면서 서로 조화로워야 한다. 음식이 강하여 와인의 풍미를 해쳐서는 안 되고 와인이 강하여 음식 맛을 방해해서도 안 된다. 와인과 음식의 기본 개념은 상생相生이다. 우리는 흔히 생선 요리에는 화이트 와인을, 스테이크에는 레드 와인을 곁들여야 한다고 생각한다. 보디감이 있는 레드 와인과 담백하고 부드러운 생선 요리를 먹으면 와인이 너무 강해서 부드러운 생선의 맛을 느끼지 못할 것이다. 반대로 돼지 주물럭처럼 양념이 강한 음식과 화이트 와인을 마시면 상대적으로 맛이 약한 와인을 제대로 음미하지 못할 것이다. 와인과 음식의 세기를 맞춰주어야 한다. 부드러운 와인은 부드러운 음식과, 강한 와인은 강한 음식과 먹어야 한다.

식재료와 조리법이 강한 맛의 순서(약한 것에서 강한 것 순)

식재료	조리법
가자미	찌기
가리비	데치기
농어	삶기
대구	버터로 살짝 튀기기
송어	굽기
닭고기	볶기
연어	기름에 튀기기
돼지고기	
참치	
오리고기	
소고기	

그런데 음식에 있어 식재료와 요리 방법보다 더 중요한 게 있다. 바로 양념이다. 우리는 음식을 식재료 맛보다 양념 맛으로 먹는다. 무슨 음식이든 갖은 양념을 해대니 때로는 요리 종류에 상관없이 비슷한 맛이 나고는 한다. 생선도 부드러운 회로 먹을 때는 소비뇽 블랑과 같이 부드러운 와인과 먹어야 되지만, 양념을 한 매운탕에 먹을 때는 카베르네 소비뇽 정도로 센 와인을 골라야 한다. 매운탕은 생선이라고 해도 양념이 너무 세서 화이트 와인과 같이 먹으면 와인 맛을 느낄 수 없다. 육류도 마찬가지로 돼지 수육이나 삼겹살을 먹을 때는 풍미 있는 샤르도네 정도의 화이트 와인과 어울리나 돼지 주물럭은 보디감이 센 레드 와인과 먹어야 한다. 닭고기도 백숙으로 먹을 때와 닭볶음탕으로 먹을 때에 따라 와인의 선택이 달라져야 한다. 와인의 세기는 거의 포도 품종이 결정하지만 양조 시의 발효기술에 따라서도 달라질 수 있다. 요즘 사용하는 스테인리스 스틸 발효통을 사용하는 것보다 요크 나무통을 사용하면 와인의 보디감은 더욱 강해진다.

디저트 와인에는 귀부 와인과 아이스 와인 등이 대표적이다. 병충해 또는 결빙으로 인해 포도에서 수분이 외부로 유출된 것들로, 포도 당도가 높아 발효된 후에도 와인에 당도가 남아 있어 단맛을 낸다. 이렇게 단 와인들은 디저트와 먹어야 한다. 그래야 서로의 단맛이 사라지지 않는다. 이처럼 와인과 음식은 서로 상보적이어야 하고, 서로

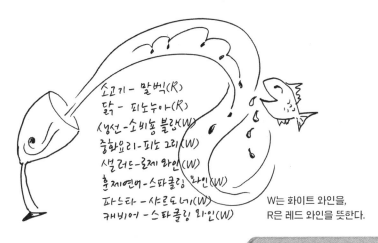

소고기 - 말빅(R)
닭 - 피노누아(R)
생선 - 소비뇽 블랑(W)
중화요리 - 피노 그리(W)
샐러드 - 로제 와인(W)
훈제연어 - 스파클링 와인(W)
파스타 - 샤르도네(W)
캐비어 - 스파클링 와인(W)

W는 화이트 와인을,
R은 레드 와인을 뜻한다.

요리와 와인의 페어링

균형을 맞춰야 하고, 서로의 맛에 시너지를 줄 수 있어야 한다. 물론 음식에 맞는 와인을 선택하는 것은 극히 주관적이다. 어떤 사람은 음식보다 약간 강한 와인을 원하고 어떤 사람은 약한 와인을 원한다. 사람마다 즐겨 하는 와인이 있고 개인적인 와인의 취향이 다르기 때문에 자신의 기준을 강요하는 것은 결례이다.

와인과 잘 어울리는 또 하나의 발효식품
- 치즈

치즈는 와인과 함께 가볍게 먹기에 좋다. 와인처럼 치즈도

발효균이 만드는 발효식품이다. 치즈는 단백질을 레닌 효소로 응고시킨 후 그 덩어리를 뭉쳐서 만드는데, 바로 먹기도 하고 몇 달 동안 숙성시켜 먹기도 한다. 치즈의 종류에는 숙성도에 따라서 피자 치즈 같이 숙성을 안 시킨 치즈와 카망베르같이 숙성시킨 치즈가 있다. 브리 치즈, 카망베르 치즈, 고르곤졸라 치즈, 에멘탈 치즈 등 어떤 균으로 어떻게 발효하는지에 따라서 수많은 향과 식감을 가진 다양한 치즈가 있다.

그뤼에르 치즈는 굉장히 딱딱하고 카망베르 치즈는 거의 두부 수준으로 부드럽다. 치즈는 부드러움과 단단함에 따라서 카망베르나 브리 같은 연성 치즈와 에멘탈, 고다 같은 반경성 치즈, 파다노와 그뤼에르 치즈 같은 경성 치즈로 구별한다.

치즈는 우리의 된장, 청국장과 같은 단백질 발효식품이다. 우리나라 사람들이 맛있는 된장찌개, 청국장에 매료되는 것처럼 프랑스 사람들은 정말 맛있는 치즈에 열광한다. 프랑스의 큰 마트에서는 치즈만 400여 가지를 팔고 있을 정도다. 또 우리 재래시장에 가면 시골 할머니가 집에서 만든 된장, 청국장을 팔듯이 프랑스도 재래시장에 가면 마찬가지로 사람들이 자신들의 집에서 직접 만든 치즈를 가져와서 판다. 그래서 운 좋은 날에는 그 사람들이 가지고 나온 독특한 치즈를 발견할 수 있는데 그렇게 되면 동네방네 사람이 모여서 시식하며 파티를 할 정도이다.

브리 ↕ 샤르도

고다 ↕ 메를로

체다 ↕ 카베르네 소비뇽

그뤼에르 ↕ 소비뇽 블랑

블루 ↕ 리슬링

모차렐라 ↕ 소비뇽 블랑

치즈와 와인의 페어링

쉬어가는 부엌

사람과 사람을 이어주는 매개체, 와인에 대하여

와인은 사람과 사람을 이어주는 매개체이다. 모여서 논의하는 것을 영어로 심포지엄symposium이라 한다. 이 말의 어원은 같이sym와 마시자posium라는 뜻이다. 다른 사람들과 마시면서 같이 얘기하고 소통하는 일이 오늘날로 말하면 심포지엄이다. 좋은 관계, 좋은 소통을 하는 데 먹고 마실 음식들이 매개체 역할을 하는 것이다. 그러니 와인과 음식궁합 등에 대한 얼마의 지식이 있다면 그만큼 더 우리 인생은 풍요로워질 수 있고 즐거워질 수 있지 않을까?

와인과 에티켓

여러가지 와인을 마실 때 어떤 순서로 마시면 좋을까? 너무 강한 것부터 마시면 혀가 강한 것에 맞추어져 그다음 부드러운 맛을 감지할 수 없다. 그러니 부드러운 라이트 보디부터 시작하여 묵직한 풀 보디의 순서로 마셔야 한다. 같은 급이면 좋은 와인부터 마시는 것이 순서이다. 좋은 와인은 제일 처음에 마시고, 음식과 함께 마시는 것보다는 그냥 와인만 음미하면서 마시는 것이 좋다.

와인은 적당히 즐겁게 즐기면 된다. 좋은 사람과 좋은 조명, 좋은 음악을 들으며 마시면 같은 와인이라도 더 맛있게 마실 수 있다. 와인의 나라 프랑스에서는 와인 앞에서 겸손한 마음으로 와인을 즐긴다.

이탈리아는 와인의 최고 생산국이다. 단지 자기들이 많이 마시기 때문에 수출량이 적어 잘 알려지지 않았을 뿐이다. 이탈리

아에서는 집안에 아기가 태어났다든지 혼사가 있는 해에는 자기 와이너리(포도주 양조장)에서 생산한 와인을 팔지 않는다. 결혼한 아들이 집에 오면 아들이 결혼한 해의 태양이 만든 와인을 먹는다. 이렇게 와인에는 와인 그 이상의 감동의 메시지가 있다. 나는 프랑스 지도교수님이 오시면 식사할 때 항상 알자스 휘겔Hugel 화이트 와인을 마신다. 우리 대학을 비추던 태양이 만든 포도로 빚은 와인이기 때문이다. 음식은 감동을 전달할 수 있어야 한다.

최고의 와인은 최고의 소믈리에가 블렌딩하여 만든다. 프랑스 사람들은 식탁에서 젖병을 떼면 어려서부터 와인을 조금씩 시음한다. 그 사람들은 평생 와인을 마셔온 사람들이다. 그들이 즐기는 맛과 이제 와인을 마시기 시작한 우리가 추구하는 맛은 다르다. 맛에 있어서 그들의 기준과 우리의 기준에는 차이가 있다. 우리 입이 좋은 와인을 구별하지 못하면, 굳이 비싼 와인을 마실 필요가 없다. 와인의 값을 결정하는 것은 와인 가격표가 아니라 내가 좋은 와인을 구별할 수 있는지의 여부다. 미국 사람들은 매일 마시는 와인은 5달러 정도, 주말에 마시는 와인은 10달러, 월에 마시는 와인은 20달러 정도의 수준에서 구입한다. 1년에 한두 번 특별한 날에는 100달러 정도 하는 와인도 산다.

와인과 음악

요리는 종합예술이다. 한 예로 영국에서 실제로 실험을 했는데, 음악이 있을 때 와인을 마시는 것과 음악 없이 마실 때의 와인 맛의 만족도는 다르다고 한다. 왜냐하면 와인은 변하지 않지만 와인을 마시는 인간 신경의 뇌 작동이 달라질 수 있고 신경세포의 수용체가 활성화될 수도, 비활성화될 수도 있기 때문이다.

통계에 의하면 감미로운 음악에서는 화이트 와인, 레드 와인이 별 차이가 없으나 강한 음악을 들으면 화이트 와인보다 레드

와인의 맛을 더 깊게 느낀다고 한다. 화이트 와인을 마실 때는 뉴에이지 음악처럼 잔잔한 음악이 어울리지만 레드 와인을 마실 때는 재즈처럼 더 비트 있고 강해져야 한다. 그런가 하면 가볍고 산도 있는 와인은 그림도 약간 더 자유스럽고 모던한 그림을 보면서 먹으면 좋으나 레드 와인은 더 클래식한 분위기와 어울린다. 와인을 마실 때는 곁들이는 음식도 중요하지만, 어디에서 어떤 음악을 들으면서 어떠한 분위기에서 먹는가도 매우 중요하다. 그중에 가장 중요한 요소는 내 앞에 있는 사람일 것이다.

와인과 온도

와인을 맛있게 마시기 위해서는 와인 보관 온도가 매우 중요하다. 풀 보디 레드 와인은 상온으로 마시고 향이 없는 가벼운 보디 화이트 와인은 차갑게 마신다. 풀 보디 와인은 15℃, 가벼운 풀 보디의 레드 와인은 12.8℃, 미디엄 보디의 화이트 와인은 10℃, 가벼운 보디의 화이트 와인과 스파클링 와인은 7.2℃에서 마시는 게 좋다. 와인을 마실 때 온도를 고려하는 것은 와인의 보디, 즉 향과 관련이 있다. 향이 있는 와인은 상온에서, 향이 적은 와인은 차게 마셔야 한다. 향이 많은 와인을 낮은 온도에서 마시면 향이 피어나질 못해서 충분히 느낄 수 없다. 음식도 마찬가지로 향이 있는 음식은 따뜻할 때 먹어야 온도에 의해서 증발되는 향을 코로 맡을 수 있다. 소주는 아무 향이 없어서 미지근하게 먹으면 맛이 없어 차게 마셔야 한다. 보통 맥주는 차게 마시지만 향이 있는 에일 맥주는 너무 차갑게 먹으면 향을 느끼지 못한다.

와인과 잔

와인 잔은 와인을 마시는 데 중요하다. 보통 와인 잔은 립^{lip}, 불^{boul}, 스템^{stem}, 베이스^{base}로 나눈다.

그렇다면 와인에 맞는 와인 잔은 어떻게 선택해야 할까? 기능과 이미지를 고려해서 고르면 된다. 레드 와인은 좀 따뜻하게 마셔야 하니까 손바닥으로 잔 아랫부분을 감쌀 수 있도록 불이 넓은 와인 잔을 사용한다. 화이트 와인은 차게 마셔야 하니 스템이 길어야 한다. 스템이 길어야 손이 잔의 불에 닿지 않아 체온에 의해 잔이 데워지지 않는다. 향이 강한 레드 와인은 향을 맡기 위해 립이 넓은 잔을 사용하는 것이 좋다. 립이 넓어야 잔 안으로 코가 들어가서 향을 맡을 수 있기 때문이다. 스파클링 와인과 샴페인 잔은 불이 길고 립이 좁다. 립이 넓으면 탄산 가스 기포가 빨리 빠지기 때문에 기포를 오랫동안 간직하기 위해 불이 길어야 한다. 같은 레드 와인도 브르고뉴 와인과 보르도 와인 잔은 모양이 다르다. 프랑스의 대표적인 두 와인은 전통적으로 와인 병의 모양이 다른데 병 모양에 맞게 브르고뉴 와인 잔이 더 크고 둥글다.

Lip
Boul
Stem
Base

카베르네   브르고뉴   스파클링   화이트 와인   보르도 와인

7장

부엌에서 문화와 예술을 짓다

요리는
종합예술이다

　　　　　과학은 인과법칙과 이론, 실제 증명을 통하여 존재한다. 하지만 예술은 인간을 예측할 수 있는 새로운 세계로 이끌 때에야 비로소 감동과 함께 존재할 수 있다. 우리는 누구나 단순히 반복되는 식사에 싫증을 느끼고, 평소와는 다른 새로운 식사를 하고 싶어 한다. 인간의 입은 익숙한 맛에 편안함을 느끼기도 하지만 눈은 새로운 것을 추구한다. 그래서 인간은 요리에서 보수와 동시에 혁신을 원하며, 이성과 동시에 감성을 요구한다.

　현대요리에 물리, 화학, 생물학 같은 기초과학, 생리학이나 뇌과학 같은 생명과학, 심리학과 행동과학 같은 사회과학은 물론, 미술이나 음악, 인테리어 등과 같은 예술의 활용이 폭넓게 필요하다. 새로운 창조는 분야를 뛰어넘어 서로 간의 소통에서 오기 때문이다. 데미안 허스트와 트레이시 에민으로 대표되는 **YBA**Young British Artist는 현대미술의 판도를 미국에서 영국으로 바꾸는 데 지대한 역할을 했다. 이들은 런던 골드스미스 대학 출신으로, 마이클 크랙 마틴 교수의 제자들이다. 마틴 교수는 주로 여러 전공자로 이루어진 그룹이 함께하는 프로젝트를 통해 교육하였다. 회화, 조각, 설치, 비디오아트, 비평이론 등 여러 분야의 학생들이 서로 소통하며 창의적이고 혁신적이며 다양한 형태로 예술을 표현하도록 교육하였다.

요리에서도 이와 비슷한 예를 확인할 수 있다. 알리시아Alicia는 최고의 셰프 페란 아드리아가 만든 바르셀로나에 있는 세계 최고의 요리연구소이다. 연구소장인 마싸네Massanés는 스페인에서 영향력 있는 식문화 비평가를 비롯해 셰프, 화학자, 영양학자, 레스토랑 컨설턴트가 한자리에 모여서 함께 소통하며 새로운 주제를 연구하도록 연구소를 운영하고 있다. 스페인의 알리시아, 프랑스의 르 코르동 블루Le Cordon Bleu, 미국의 CIACulinary Institute of America는 대표적인 세계 최고의 요리학교이다. 과거에는 요리학교에서 칼질하고 요리하는 조리기술을 중심으로 배웠다면 지금은 요리학교에서 음식이란 무엇인가에서부터 시작해서 음식에 무엇을 담을 것인가, 어떻게 장식할 것인가를 가르친다. 요리를 통하여 감동을 전달할 수 있도록 음악·미술·건축·설치·회화·미식 개념 등을 가르친다.

어떤 새로운 기술을 사용하여 요리한다 해도 손님이 맛있게 먹지 않는 요리는 아무 의미가 없다. 요리는 맛과 모양, 장소에 따른 분위기가 어우러진 종합예술이며, 이때 가장 중요한 것은 요리사의 감성이다. 프랑스 최고의 셰프 미셸 브라는 "요리사는 새로운 언어를 창조하는 사람"이라고 했다.

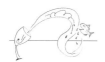

진정한 요리는
질 좋은 식재료에서 나온다

세계 최고의 레스토랑 중
하나인 노마의 오너 셰프인 르네 레드제피Rene Redzepi는 요리는 '시
간과 공간'이라고 했다. 여기에서 시간이란 제철요리를 의미하고 공
간이란 그 지역의 식재료를 쓴 로컬 푸드를 뜻한다. 내로라하는 요
리사들은 모두 입을 모아 "최고의 요리는 인간이 손대지 않은, 신이
만든 식재료 그 자체"라고 말한다.

궁극적으로 맛있는 요리를 만들기 위해 해야 할 가장 중요한 일
은 식재료를 철저히 파악하는 것이다. 맛있는 스테이크를 먹고 싶다
면 먼저 맛있는 소고기를 찾아내야 한다. 소의 품종, 비육 기간, 영양
상태, 부위, 기후와 풍토 등에 따라 맛이 확연히 달라지기 때문이다.
같은 소라고 해도 불포화지방산을 많이 포함하고 있는 좋은 사료를
먹고 자란 소의 고기가 맛이 더 깔끔하다. 스페인에서 하몽을 만들
때 도토리를 먹고 자란 이베리코 돼지를 최고급으로 치는 것도 이 같
은 이유에서다. 도토리에는 불포화지방산인 올레산이 많이 함유되어
있어, 도토리를 섭취한 이베리코 돼지에게 이 성분이 그대로 옮겨지
기 때문이다.

우리의 음식문화는 사회가 발전함에 따라 산업화되고 자본화되었

다. 지금 우리나라 식탁에는 40개국 이상에서 온 식재료로 만든 음식들이 가득하다. 먹을 게 넘쳐나는 시대인 만큼 값싼 먹거리도 많다. 그러다 보니 사람들이 좋은 식재료보다는 값싼 식재료를 사용하게 되는 일도 많아졌다. 하지만 값이 싼 데에는 이유가 있다. 값싼 식재료는 상대적으로 질이 나쁘기 마련이다. 몇 달 동안 냉동시킨 식재료는 본연의 맛이 약해진 상태라서 양념을 강하게 해야 한다. 그러면 결국 양념이 요리의 맛을 좌우하게 되고, 식재료 본연의 맛은 맛볼 수 없게 되는 것이다.

나는 어느 날 우리 빌바오 레스토랑 고객에게 한번 물어보았다. "어디 가면 맛있는 요리를 먹을 수 있습니까?" 의외로 대답은 간단하였다. "정직한 가게에 가서 비싼 음식을 먹으면 됩니다." 맞는 말이다. 우리가 보통 만 원을 주고 음식을 먹을 때 재료비는 얼마나 될까? 삼사천 원? 그 값의 식재료로 무슨 요리를 만들 수 있을까? 좋은 식재료로 요리한 음식은 비싸다. 하지만 그 안에는 합리적인 비용을 들여 만든 음식만의 귀한 가치가 담겨 있다.

요리는 시간이다

가장 맛있는 음식은 금방 요리해서 바로 먹는 것,

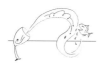

즉 불맛이 깃들어 있는 음식이다. 제아무리 맛있는 음식도 냉장고에 들어갔다 나온 음식은 별로 맛이 없다. 음식이 식으면 식재료가 본래 가지고 있던 풍미와 식감이 없어진다. 음식의 풍미를 주는 분자는 대부분 휘발성이기 때문에 온도가 내려가면 풍미도 사라진다. 차가운 커피보다 뜨거운 커피가 훨씬 향이 진하다. 고체 음식인 경우에도 마찬가지다. 온도가 내려가면 기존의 부드러웠던 식감이 단단해지고 딱딱해진다. 우리가 매일 먹는 밥도 김이 모락모락 나야 맛있지 식으면 말 그대로 '찬밥'이 된다.

프랑스에서 좋은 아빠란 새벽에 식구들이 일어나기 전에 동네 빵집에 가서 갓 구운 맛있는 바게트를 사다가 아침식사를 차려주는 사람이다. 바게트를 먹어보면 이것을 언제 구웠는지, 몇 시간이 지난 빵인지 알 수 있다. 장작화덕에서 금방 구워져 나왔을 때를 생각해보자. 이때가 바게트가 가장 맛있는 상태로, 바게트 표면은 칼같이 날카롭지만 빵 안은 수분을 그대로 지니고 있어서 아이스크림처럼 부드럽다. 그러다 점심이 되면 바게트 안에 있는 수분이 밖으로 확산되어 나오면서 반대로 껍질은 부드러워지고 안은 수분이 적어져 단단해진다. 시간이 더 지나 저녁이 되면 바게트의 안과 밖은 모두 딱딱해진다.

시간에 의한 수분의 평행상태는 앞의 예시에서 보듯 요리의 식감에 좋지 않은 역할을 한다. 평행상태에 도달하게 되면 서로 달라야 할 식감이 완전히 뒤섞여 이 맛도 아니고 저 맛도 아니게 된다. 그렇기 때문에 음식을 먹을 때는 요리에 걸리는 시간과 요리한 음식을 다 먹기까지의 시간이 중요하다. 맛있고 건강한 음식을, 식품들을 먹으려면 음식은 그때그때 즉석에서 요리해 먹는 것이 좋다. 그러니 식재료의 신선도를 지키기 위해서라도 냉장고는 작은 편이 낫지 않을까?

요리는 물과 불의 조화이다

대부분의 식재료는 70~80% 이상의 물로 구성되어 있다. 그래서 식재료를 가열하면 기화작용을 통해 식재료 속의 물이 줄어든다. 수분을 잃은 식재료는 단단해지고 딱딱해지므로 좋은 식감을 얻기 위해서는 지나치지 않은 적당한 가열이 필요하다.

잘된 요리는 표면은 약간 익어 있고 안쪽은 식재료 본연의 맛을 유지하고 있어야 한다. 한 예로 스테이크를 구울 때도 표면은 높은 온도에서 코팅시켜야 고기 안의 육즙이 나오지 않지만, 고기 내부는 낮은 온도에서 익혀야 육즙을 보존할 수 있다. 즉 열전달이 적으면 일어나는 변화가 작아 요리가 채 되지 않고, 반대로 열전달이 넘치면 식재료의 맛이 떨어지므로, 요리에 필요한 적정 시간과 열량의 정도를 알아두는 것이 중요하다.

물론 요리에 드는 적정 시간을 알고 지키는 일은 꽤나 복잡하고 까다로운 일이다. 하나의 요리 안에서도 식재료별로 적정 시간이 다르기 때문이다. 예를 들어 잡채를 만들 때, 어떤 재료는 열을 덜 가해야 하고 또 어떤 재료는 열로 더 많이 익혀주어야 한다. 만약 각각의 식재료들을 프라이팬에 넣고 한꺼번에 볶아버리면 어떻게 될까? 잘 안 익는 식재료가 익을 동안에 연한 채소들은 이미 너무 익어서 누그러지고 만다. 즉 식재료 고유의 맛을 잃게 되는 것이다. 따라서 채소는 종류별로 하나씩 볶아낸 뒤 마지막에 섞어서 무쳐야 한다.

모든 식재료의 맛을 살려 하나의 요리를 완성하듯 좋은 요리란 조화로움을 이루는, 한마디로 균형이 잘 잡힌 요리를 말한다. 불과 물에 의한 수분의 균형뿐만 아니라 식감의 균형, 맛의 균형, 향의 균형까지. 요리는 체계적인 과학과 아름다운 예술 그 사이에 놓여 있다.

요리는
로컬이다

세계적인 레스토랑들은 바닷가에 근접해 있는 경우가 많다. 1장에서 언급했던 덴마크의 노마, 스페인의 엘블리와 엘 세예르 데 칸 로카, 무가리츠 등이 그러하다. 이곳의 셰프들은 매일 아침이면 그 지역의 재래시장에 가서 그날 사용할 신선한 식재료를 구입한다. 지역 고유의 로컬 푸드를 얻을 수 있는 기회이므로 셰프의 하루 일과 중 가장 중요한 일이라고 할 수 있다. 좋은 식재료를 선별하는 것은 요리의 가장 기본이자 시작이다.

요즘이야 물류의 유통환경이 좋아서 식재료의 공급이 어디에서든 원활하니 특정 지역의 음식이 최고라고 치켜세우는 일이 없지만, 예전에는 한국에서 전주 지역의 음식을 최고의 음식으로 쳤다. 전주는 남원의 지리산과 김제평야의 들판, 부안의 바다와 갯벌에서 나는 다양한 식재료들이 모이는 곳이다. 산, 들, 바다에서 나는 갖가지 로컬 푸드로 음식을 만드니 맛이 없기가 쉽지 않다. 한때 서울 이남에서 가장 큰 재래시장이었던 전주 남부시장은 지금도 그 명맥이 이어지고 있어, 새벽에 남부시장에 가면 할머니들이 텃밭에서 가져온 채소를 구할 수도 있다.

나는 개인적으로 한국에서 가장 음식문화의 잠재력이 있는 곳으로 전라북도 부안군을 꼽는다. 부안은 산, 들, 바다, 갯벌을 모두 가지고 있으며 이 덕분에 소금이나 젓갈로도 유명하다. 또 오래전부터 유기농을 시작한 로컬 푸드에 대한 의식이 살아 있는 곳이기도 하다.

얼마 전 한국을 방문한 프랑스의 한 세계적인 셰프는 한국 음식 중 가장 세계화될 수 있는 음식으로 깻잎, 순대, 전통간장을 꼽아 말하였다. 한국에만 있는 독특한 식재료다.

우리 음식을 전 세계의 사람들이 즐겨먹는 음식으로 만들려면 어

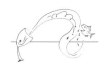

떻게 해야 할까? 우리 음식의 정통성과 철학, 원칙을 바탕으로 세계인의 입맛에 맞출 수 있는 새로운 음식을 만들어야 한다. 우리나라에서만 얻을 수 있는 고유의 좋은 식재료를 얻기 위해 재래시장을 활성화함과 동시에, 로컬 푸드에 대한 철저한 지식을 바탕으로 과학적이고 실험적인 요리를 구축하고자 노력해야 한다.

음식은
발효이다

독일에서는 3천여 종의 맥주가, 일본에서는 2천여 종의 사케가 시판되고 있다. 프랑스는 수많은 와인과 400여 종의 치즈를 가지고 있다. 이 발효식품들은 각각 그들만의 독특한 향과 맛을 가진다. 발효가 다양성이라는 장점을 지니고 있어서다.

우리나라의 경우는 어떨까? 과거 우리나라도 지역마다 동네마다 저마다의 독특한 맛을 담은 술들이 많이 있었다. 마을마다 술을 잘 담그는 할머니들이 계셨는데, 이 할머니들은 이웃집에 잔치가 열린다고 하면 보름 전쯤에 가서 미리 술을 담가놓으셨다. 똑같은 재료를 가지고 똑같은 사람이 술을 담가도 집집마다 술맛이 달랐다. 발효식품은 균에 의해 만들어지는데, 균은 어느 장소에 사느냐에 따라 다 달랐기 때문이다.

하지만 안타깝게도 지금은 집집마다 존재했던 그 좋은 발효균들이 대부분 없어졌다. 한국의 알코올 발효균은 일제강점기에 금주령을 거치며 거의 없어졌고, 주거문화의 변화로 술이든 김치든, 된장이든 발효 음식을 집에서 직접 담그지 않으니 오랫동안 간직해온 유효한 균들이 살아 있을 이유가 없어진 것이다.

독일의 맥주나 일본의 사케처럼, 만약 막걸리를 한국을 대표하는 술로 삼으려면 적어도 천여 종 이상의 막걸리 브랜드가 존재해야 할 것이다. 그러려면 동네마다 술 익는 양조장이 있어야 하고, 그곳에는 저마다의 독특한 균이 자라고 있어야 할 것이다.

우리는 지금부터라도 우리의 균들을 보존해야 한다. 희귀동물만이 아니라 희귀 미생물들도 보존해야 할 필요가 있다. 수십 년 전부터 국가 차원에서 미생물들을 배양하고 보존하고 있는 독일을 포함해, 여러 선진국에서 미생물보존은행을 통해 유전자원의 다양성을 지켜나가고 있는 것처럼 말이다.

요리에 가치를
부여하는 사람들

문화를 영어로 하면 컬처culture이다. 이 말은 라틴어로 경작, 재배colore를 의미하는 말에서 유래하였다.

아마도 생물학 공부를 한 사람이라면 가장 많이 듣는 말이 셀컬처 cell culture일 것이다. 미생물학의 시작은 세포배양이다. 마찬가지로 음식이 문화가 되려면 우리 음식에 관심을 가지고 배양을 해야 한다. 많은 프랑스 부부들이 매월 10만 원씩 적금을 든다. 명품을 사기 위해서가 아니다. 자신의 결혼기념일 파티를 위해서다. 그들은 결혼기념일 몇 개월 전부터 최고의 레스토랑을 예약해 두고 기념일까지 기다림과 설렘으로 지낸다. 결혼기념일이 되면 모아놓은 돈을 가지고 레스토랑에 간다. 둘이 모은 100만 원으로 괜찮은 샴페인, 와인과 함께 만찬을 즐긴다. 그리고 그 여운으로 몇 달간의 행복한 일상을 산다. 이렇게 요리에 가치를 부여하는 사람들이 있기 때문에 프랑스 요리가 아직도 최고의 자리를 유지하는 것 같다.

과거에는 요리를 여자가 하는 일이라고 생각했다. 그러나 프랑스에서는 오래전부터, 남자 아이들이 초등학교를 다닐 즈음부터 요리를 가르쳤다. 요리는 인간의 본연, 인간의 본능이므로 남자들도 요리를 할 줄 알아야 한다. 요리에 있어 남녀노소는 중요하지 않다. 요즈음 한국에서도 노인학교에서 가장 인기 있는 과목이 요리 과목이라고 한다. 자기가 직접 요리를 하지는 못할지라도, 어떠한 음식을 먹어야 하고 어떻게 먹어야 하는지 정도는 알아야 우리가 행복할 수 있다. 요리를 알면 행복한 인생을 누릴 수 있다. 공부 열심히 해서 좋은 직장 얻고 돈을 벌게 되면 그다음부터는 무엇을 할 것인가? 좋은 곳에 여행

가서 맛있는 요리를 먹어야 할 거 아닌가? 요리에 대해 알아야 요리를 즐길 수 있다. 인간은 아는 만큼 즐길 수 있기 때문이다.

　좋은 글을 쓰려면 좋은 책을 읽어야 한다. 좋은 책에 젖어 있으면 나쁜 책은 자연스럽게 구별된다. 음식도 마찬가지이다. 좋은 레스토랑에 가서 좋은 요리를 먹다 보면 좋은 요리를 구별할 수 있다. 셰프들이 음식을 어떻게 장식하는지, 지금 요리 트렌드는 무엇이고 어떤 것이 맛있는 음식인지, 먹어보고 몸에 익혀야 한다. 내 뇌에 기억시킨 맛있는 요리의 최종 목표점이 없으면 좋은 음식을 만들 수 없다.

요리는 문화의
최전방이다

　　　　　음식은 그 나라 문화의 가장 최전방, 표면에 나타나 있다. 그 나라 사람들이 먹고 마시기 위해서 만든 문화가 음식문화이다. 그래서 여행을 할 때 여행지의 문화를 제대로 이해하기 위해서는 그 나라의 음식을 먹어봐야 한다. 예를 들어 프랑스 와인과 스페인 와인, 이탈리아 와인, 독일 와인은 맛이 전혀 다르다. 문화가 다르기 때문이다. 이탈리아는 햇볕이 좋아 사람들의 야외활동이 많다. 사람들은 흥이 많아 노래 부르기도 좋아하고, 음식도 파스타, 스파게티처럼 가벼운 음식을 즐긴다. 그래서 와인도 가

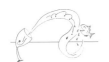

볍고 산도가 높은 편이다. 스페인은 아랍의 유목문화의 영향을 많이 받았다. 투우처럼 음식도 굉장히 무겁고 진지하고 힘이 있어 와인도 무거운 것을 즐긴다. 프랑스 음식과 와인은 뭐라고 단정 지어 설명할 수 없다. 복잡한 것 같기도 하고, 단순한 것 같기도 하고, 저 맛 같기도 하고, 이 맛 같기도 해서 평론해볼 만하다. 프랑스 영화처럼 시작과 끝이 어딘지 애매모호하다. 국민들의 개성이 음식과 와인에 묻어난다.

라틴 민족인 프랑스, 이탈리아와는 다르게 게르만 민족인 독일의 음식은 실용적이고 이성적인 면이 많다. 독일 음식은 요리사의 감성을 많이 담는 것에 앞서 우선적으로 영양분이 많고 단순한 것을 추구하는 편이다. 빵이나 치즈도 몸만 튼튼하게 해주면 된다. 반면 프랑스 사람들은 자기 자신을 매우 소중히 여겨, 돈을 벌면 자기 몸에 투자한다. 좋은 음식, 좋은 옷, 좋은 향수를 사는 것에 큰 의미를 둔다. 그래서 프랑스는 독일과 인접해 있음에도 사뭇 다른 음식문화를 보여준다. 늘 와인을 곁들이고, 긴 시간을 들여 여러 차례의 식사를 천천히 음미하는 코스요리가 발달했다.

요리에도
격이 있다

프랑스 미식가 브리야 사바랭은 "당신이 무엇을 먹는지 얘기해주면 나는 당신이 어떤 사람인지 말해주겠다Tell me what you eat and I will tell you who you are"라고 했다. 그의 말처럼 우리가 먹는 것이 내 몸을 만들고 내 몸이 내 생각과 행동을 만든다. 영국의 처칠 수상이 한 말 "사람은 건물을 만들고 건물은 사람을 만든다"와 같은 의미이다.

식습관을 보면 그 사람의 성격을 들여다볼 수 있다. 뷔페에서 많은 음식이 있을 때 어떻게 먹는가? 어떠한 순서로 얼마만큼 먹는가? 두서없이 식탐으로 먹지 않는가? 내가 먹는 음식은 내 몸에 들어가는 소중한 것이므로 아무렇게나, 무분별하게 음식을 섭취하지는 말아야 한다. 앞으로 우리는 죽는 날까지 음식을 먹어야 살 수 있다. 음식을 안 먹으면 죽는다. 지금부터라도 음식에 대한 관심을 갖고 맛있는 음식점이 있으면 가서 먹어 보고 정말 맛있으면 어떻게 요리했는지 알아 보고 그렇게 과학적으로 분석하다 보면 행복한 요리를 할 수 있을 것이다. 세월이 흐르면 더 좋은 음식을 만들 수 있고, 내가 사랑하는 사람한테 더 행복한 음식을 줄 수 있을 것이다. 이것처럼 행복한 일이 어디겠는가!

우리는 음식을 오감으로 먹고 결국은 뇌로 먹는다. 같은 음식을 먹어도 뇌가 행복하게 먹어야 한다. 음식을 먹을 때 냄비째로 먹지 말고, 냉장고에서 반찬을 내어 먹어도 냉장고 그릇째 먹지 말아야 한다. 같은 음식을 먹어도 고급스런 그릇에 담아서 먹으면 맛이 달라진다. 화학적 성분 분석으로 보면 같을지 몰라도 먹는 주체가 생물학적 인간의 뇌와 미각 수용체임을 감안한다면 맛은 당연히 다르다. 좋은 분위기에서 좋은 그릇에 놓고 음식을 먹을 때는 뇌세포들이 활성화된다. 미식세포와 뇌세포가 활성화되었을 때 먹는 음식의 맛은 다르다.

그래서 혼자 음식을 먹을 때에도 정말 좋은 분위기에서 정갈하게 옷을 입고 좋은 그릇에 담아 먹어야 한다. 이것이 자신을 사랑하는 것이고 자존감이다. 식사에 초대받았을 때에도 단정한 의상과 진하지 않은 화장을 해야 한다. 화장이 너무 진하면 음식의 향을 느끼지 못할 수도 있다. 나는 내 옆 사람에게는 또 다른 환경이 되는 셈이다.

음식문화는
가정에서부터 시작된다

음식문화는 유아기부터 습득해야 한다. 인간의 뇌는 두 살까지 성인 뇌의 70% 정도만큼 커진다. '세 살 버릇이 여든까지 간다'는 말처럼 두 살까지의 유아 습관이 인생을 결정한다. 유럽의 대부분 나라에서는 아기가 있으면 적어도 2년의 육아 휴가를 준다. 그들은 대부분 모유수유를 하고 수유 후에는 꼭 산보를 나간다. 분유 먹는 아기들은 항상 같은 음식만 먹게 되어 미각세포가 발달될 필요가 없다. 엄마가 다양한 음식을 먹고 모유를 먹이는 과정에서 전달되는 다양한 맛이 유아의 미각세포를 발달시킨다. 하지만 그렇다고 해서 유아기 때 똑같은 음식만 먹고 살면 다양한 미각 수용체가 필요없어져 성인이 되어도 맛을 다채롭게 느끼기가 힘들어진다. 그래서 엄마들은 아이에게 점심을 먹이고 비가 오나 눈이 오나 유모차를 가지고 산보를 한다. 아기가 어렸을 적부터 맛의 다양성과 세상의 다양함을 볼 수 있도록 해준다. 매일 똑같은 분유를 먹고, 똑같은 천장만 보고 있는 아이가 커서 행복을 느낄 수 있을까?

스페인 바로셀로나 부근의 산 폴 델 마르 도시에 있는 미슐랭 3스타 산 파우Sant Pau 레스토랑에는 스페인 최고의 여자 요리사로 손꼽히는 카르멘 루스카예다Carmen Rus Ruscallenda 셰프가 있다. 그녀는 요리학원 한 번 가지 않은 요리사이다. 그녀는 집에서 어머니를 통해 배운 맛으로 요리를 한다. 이렇게 요리란 자신의 뇌 속에 최고의 맛을 구현하는 것이다.

당신은 요리할 때 도달해야 할 어떠한 목표의 맛을 가지고 있는

가? 우리는 최고의 맛을 우리 아이들의 뇌에 기억시켜야 한다. 이것은 부모들의 의무이다. 밥상머리에서 요리에 대해서 설명하고 가르쳐야 한다. 요리할 때 자녀를 꼭 옆에 세워놓고 요리를 가르쳐야 한다. 그래서 전통적으로 그 집에서 내려오는 맛을 아이들한테 전수해야 한다. 예전 부모님 세대는 그 윗세대의 요리를 잘 물려받았지만, 요즘 세대는 그렇지 못하여 대대로 내려오는 음식들이 없어지는 추세여서 아쉽다. 가족이 같이 요리하고 배워야 행복한 밥상이 전수될 수 있다.

마치며

요리와 나, 빌바오 이야기

빌바오는 스페인 북부 바스크 지방의 항구이자 탄광도시이다. 과거에는 프랑스와 국경인 피레네 산맥에서 나오는 많은 광산물을 실어 나르던 항구도시였다. 철광업의 쇠퇴로 침체되었던 빌바오는 도시 재생 프로젝트로 구겐하임 미술관을, 최고의 건축가 프랭크 게리가 설계하여 1997년 개관하게 된다. 이 건물은 큰 반향을 일으켰고 이후 연 100만 명 이상이 구겐하임 미술관을 보려고 빌바오를 방문한다. 하버드 대학에서는 '구겐하임 효과Guggenheim effect'란 용어로 문화시설 하나가 도시의 테마를 어떻게 바꿀 수 있는지 가르친다.

한 건축물이 빌바오를 탄광도시에서 문화도시로 바꾸었듯이 좋은 공간과 음식은 사람을 바꿀 수 있을 것이다. 이러한 의미로 나는 전주 빌바오를 오픈하였다.

그동안 살면서 나의 이마에는 두 더듬이가 있었다. 하나는 5년 후를, 다른 하나는 10년 후를 탐색하는 더듬이다. 5년, 10년 후에 나는 어디서 무엇을 하고 있을까? 나는 어느 좌표에 있을까? 평소에 그림, 와인, 음식, 친구를 좋아하는 나에게는 10년 후에는 괜찮은 레스토랑의 주인이 되겠다는 소망이 있었다. 좋은 와인과 그에 걸맞는 요리가 있는……. 그러던 중에 기회가 생겼다. 2009년 전주 남부시장 부근에 조그만 건물을 구입하여 1년 동안 직접 리모델링을 하였다. 나의 리모델링 개념은 음식점 같지 않은 음식점이었다. 미술관 같고, 꽃집 같고, 유럽의 고성 거실 같은 레스토랑이었다. 나는 평소에 실험실은 실험실 같지 않아야 하고, 연구실은 연구실 같지 않아야 하고, 과학자는 과학자 같지 않아야 한다는 생각을 가지고 있었다. 그렇게 하여 2011년 4월에 빌바오 레스토랑을 창업하였다.

빌바오 레스토랑은 실험적이고 혁신적인 운영을 하고 있다. 모든 손님들에게 100% 예약제로 운영하고 있다. 예약을 해야 냉동실에서 대기하고 있는 식재료가 아닌 시장에서 막 도착한 신선한 식재료로 만든 요리를 먹을 수 있다. 저녁에 사용할 식재료는 오후에 배달되어 사용한다. 예약문화가 익숙하지 않은 우리 현실에 맞지 않고 가끔 예약하고 오지 않는 사람들도 있지만 신선한 식재료를 사용하려면 어쩔 수 없다. 때로는 음식을 가려야 하는 환자들도 있어 반드시 예약을 받는다.

빌바오 메뉴는 단 한 가지, 바로 제철음식이다. 육류는 계절이 별로 중요하지 않으나 채소와 생선은 제철이어야 한다. 조기·민어·병어·농어 등 생선은 제철이 되어야 제맛을 내고 호박·버섯·가지·고사리·채소 역시 제철에 바람과 햇살을 받아야 제맛이 난다. 그때그때 시장에서 가장 신선한 생선과 채소를 가지고 와서 요리한다. 메뉴가 많으면 그날그날 신선한 식재료를 쓰기가 어렵다. 오신 손님의 편안한 식사를 위하여 원 테이블, 한 홀에 한 팀만 받는다. 하루에 세 팀 이상은 받지 않는다. 하루에 세 팀이 넘으면 한 셰프가 시간에 맞게 따뜻한 음식을 서브하기가 어렵다. 사람들은 오래가지 못할 거라고 염려했지만 잘 유지하고 있다. 철학을 가지고 음식을 요리하며 이를 문화로 승화시키려면 자본으로부터 약간 멀어져야 한다. 자본의 논리로 음식을 하면 상업 음식을 벗어날 수 없다. 하지만 나와 내 아내는 빌바오 음식에 매혹당하는 사람들이 있다는 것만으로도 요리하는 것이 행복하다.

살다 보니 어느덧 인생을 한 바퀴 돌아서 이제 환갑이 넘었다. 젊은 시절 한때 음악과 미술에 빠져 살았고 미술에 대한 그리움으로 프랑스로 유학을 떠났다. 그 속에서 다행히 판화가이고 저명한 화학자이자 지도교수이신 빌만J.F. Biellmann 선생님을 만났다. 빌만 선생님은 기회가 있을 때마다 나를 파리의 화랑들에 데리고 다니며 나의 그림에 대한 목마름을 채워주셨다. 또 다른 인생을 알려주신 고마운 선생님이다. 그림을 좋아하는 나는 지금도 늘 저녁 시간이 되면 자유로운 영혼이 되어 와인 한 잔을 즐긴다. 나와 각별한 인연이 있는 저산 이익태 선생님은 1970년대에 한국에서 독립영화를 처음 만드시고 그림, 퍼포먼스를 하는 전방위 작가이다. 이 책의 컷을 그려주셔서 감사드린다. 이 책이 나오도록 집필할 기회를 주신 더숲 출판사 사장님께 감사한다. 또한 이 책을 집필하는 데 많은 아이디어를 준 아내에게 감사드린다.

'안다'라는 표현은 많은 언어에서 '본다'와 동일하다. 요리를 이해하려면 요리 과정을 볼 수 있어야 한다. 그것도 가장 정교한 분자 수준으로 요리를 볼 수 있어야 한다. 요리도 아는 것만큼 보이고, 보는 것만큼 느끼고, 느끼는 것만큼 감동할 수 있다. 주어진 소박한 음식에도 감동할 수 있어야 한다. 사람들이 열심히 일하고 저녁노을 아래 좋은 친구와 소박한 음식을 나누며 행복했으면 좋겠다. 이 책을 통하여 많은 사람이 음식을 이해하고 음식을 통하여 더욱 행복했으면 한다.

나는, 해 아래에서는 가장 이성적인 과학자로서, 달 아래에서는 가장 감성적인 요리 연구자로서, 이성과 감성을 오가며 살아왔다. 나의 체험이 같은 공동체에 살고 있는 당신을 행복하게 해주기를 바란다.

빌바오에서 이강민

나의 실험실인 레스토랑 빌바오.
한 건축물이 스페인 빌바오를 탄광도시에서 문화도시로 바꾸었듯이
좋은 공간과 음식은 사람을 바꿀 수 있다.
이러한 의미로 나는 전주 빌바오를 오픈하였다.
음식에 과학과 예술을 입히는 새로운 시도를 하고 있다.

찾아보기

사진 판권

25쪽 ©① Bidgee
48쪽 ©①② Wikisearcher
102쪽 ©①② Rainer Zenz

퍼블릭 도메인은 따로 표기하지 않았습니다.

나는 부엌에서 과학의 모든 것을 배웠다

1판 1쇄 발행 2017년 3월 17일
1판 6쇄 발행 2024년 6월 14일

지은이 | 이강민

발행인 | 김기중
주간 | 신선영
편집 | 백수연, 민성원
마케팅 | 김신정, 김보미
본문그림 | 이익태
펴낸곳 | 도서출판 더숲
주소 | 서울시 마포구 동교로 43-1 (03470)
전화 | 02-3141-8301
팩스 | 02-3141-8303
이메일 | info@theforestbook.co.kr
페이스북 | @forestbookwithu
인스타그램 | @theforest_book
출판신고 | 2009년 3월 30일 제 2009-000062호

ⓒ 이강민, 2017. Printed in Seoul, Korea

ISBN 979-11-86900-25-3 (03400)

"이 저서는 2013년도 전북대학교 저술 장려 연구비 지원에 의하여 연구되었음."

분자미식학 전용 이메일 주소 molgas@jbnu.ac.kr